地质灾害特征与防治探索

莫继军 ◎著

中国出版集团

中译出版社

图书在版编目(CIP)数据

地质灾害特征与防治探索 / 莫继军著. -- 北京：
中译出版社，2023.12

ISBN 978-7-5001-7702-9

Ⅰ.①地… Ⅱ.①莫… Ⅲ.①地质灾害-灾害防治-
研究 Ⅳ.①P694

中国国家版本馆 CIP 数据核字（2024）第 022083 号

地质灾害特征与防治探索

DIZHI ZAIHAI TEZHENG YU FANGZHI TANSUO

著　　者：莫继军
策划编辑：于　宇
责任编辑：于　宇
文字编辑：田玉肖
营销编辑：马　萱　钟筏童
出版发行：中译出版社
地　　址：北京市西城区新街口外大街 28 号 102 号楼 4 层
电　　话：（010）68002494（编辑部）
邮　　编：100088
电子邮箱：book@ctph.com.cn
网　　址：http://www.ctph.com.cn

印　　刷：北京四海锦诚印刷技术有限公司
经　　销：新华书店
规　　格：787 mm×1092 mm　1/16
印　　张：12
字　　数：239 千字
版　　次：2025 年 1 月第 1 版
印　　次：2025 年 1 月第 1 次印刷

ISBN　978-7-5001-7702-9　　　　定价：68.00 元

前　言

　　地质灾害，包括自然因素或者人为活动引发的危害人民生命和财产安全的山体崩塌、滑坡、泥石流、地面塌陷、地裂缝、地面沉降等与地质作用有关的灾害。我国地质条件复杂、地质环境脆弱，频发的地质灾害呈现出种类多、面积广、规模大、频率高、破坏力强、治理造价高、技术难度大等特点。近年来，由于人口快速增长和集中，人为因素对自然生态的破坏导致地质灾害对人类世界的潜在威胁日趋严重，地质灾害造成的人员伤亡和经济损失逐年增加，严重威胁着人民生命财产安全，成为影响我国经济发展和社会稳定的重要负面因素，严重制约着社会的可持续发展。

　　本书是一本关于地质灾害特征与防治方面研究的书籍。全书首先对地质灾害的基础概念、分类、成因、危害、防治等大致依据顺序进行介绍；然后对几种较为常见地质灾害防治的相关问题进行梳理和分析，包括地面变形地质灾害及防治、泥石流灾害及防治、滑坡灾害及防治、特殊土的工程地质危害与防治、危岩灾害及防治等几个方面；最后对突发地质灾害的应急防治策略进行探讨。国土资源部门和政府相关管理部门肩负着地质环境管理和保护工作的重任。这本书可以帮助这些部门的工作人员了解我国地质灾害的基本国情，正确理解关于保护环境、加强地质灾害防治的基本国策，科学认识地质灾害的发生原因、发展过程及危害，对于有效开展地质灾害防治管理工作将大有裨益。本书还可为当前地质灾害特征与防治相关理论的深入研究提供借鉴。

　　在本书写作的过程中，笔者参考了许多资料以及其他学者的相关研究成果，在此表示由衷的感谢。但是由于内容涉及广，加之时间较为仓促，水平有限，因此本书难免存在疏漏与不足，希望广大读者及时总结和反馈使用的情况，提出修改、完善的意见和建议。

作者

2023 年 10 月

目 录

第一章 地面变形地质灾害及防治 ……………………………………………… 1

第一节 地面沉降灾害及防治 …………………………………………………… 1

第二节 地裂缝灾害及防治 …………………………………………………… 11

第三节 地面塌陷灾害及防治 ………………………………………………… 17

第二章 泥石流灾害及防治 …………………………………………………… 37

第一节 泥石流的灾害方式与类型 …………………………………………… 37

第二节 泥石流灾害的对象与特征 …………………………………………… 41

第三节 泥石流防治的生物措施 ……………………………………………… 48

第四节 泥石流防治的工程措施 ……………………………………………… 58

第三章 滑坡灾害及防治 ……………………………………………………… 65

第一节 滑坡灾害基础 ………………………………………………………… 65

第二节 滑坡减灾理论与防治技术 …………………………………………… 75

第四章 特殊土的工程地质危害与防治 ……………………………………… 91

第一节 盐渍土的危害与防治 ………………………………………………… 91

第二节 黄土的危害与防治 …………………………………………………… 97

第三节 膨胀土的危害与防治 ………………………………………………… 105

第四节 其他工程特殊土地质的危害与防治 ………………………………… 111

第五章　危岩灾害及防治 ··· 124

　第一节　危岩灾害基础 ··· 124

　第二节　危岩防治工程设计、施工与监测 ····················· 128

第六章　突发地质灾害的应急防治策略 ······················· 155

　第一节　突发地质灾害的应急准备规划 ····················· 155

　第二节　突发地质灾害的应急调查评估 ····················· 160

　第三节　突发地质灾害的应急监测、预警及避险疏散 ······· 167

　第四节　突发地质灾害的应急工程治理 ····················· 174

　第五节　突发地质灾害的灾后恢复重建 ····················· 178

参考文献 ··· 184

第一章　地面变形地质灾害及防治

第一节　地面沉降灾害及防治

一、地面沉降的概念

地面沉降是在自然、人为因素作用下，地壳表层土体压缩而导致区域性地面标高降低的一种环境地质现象。

广义的地面沉降指在自然因素和人为因素影响下形成的地表垂直下降现象，导致地面沉降的自然因素主要是构造升降运动及地震、火山活动等；人为因素主要是开采地下水和油气资源及局部性增加荷载。自然因素所形成的地面沉降范围大、速率小；人为因素引起的地面沉降一般范围较小，但速率和幅度比较大。一般情况下，把自然因素引起的地面沉降归属于地壳形变或构造运动的范畴，作为一种自然动力现象加以研究；而将人为因素引起的地面沉降归属于地质灾害现象进行研究和防治。

狭义的地面沉降是指人为因素引起的地面沉降，即某一区域内由于开采地下水或其他地下流体导致的地表浅部松散沉积物压实或压密引起的地面标高下降的现象，又称作地面下沉或地陷。

二、地面沉降的成因与形成条件

（一）地面沉降的成因

地面沉降按其地质构造可归纳为三种类型：①内陆盆地型，如波兰的莱格纳卡盆地、中国内蒙古的呼和浩特和山西的大同；②冲积洪积平原型，如日本的佐贺、中国河南的郑州和安徽的阜阳；③沿海三角洲和滨海平原型，如意大利的波河三角洲、中国的上海和天津。这是国内外地面沉降的主要地区，也是最严重的地区。

地面沉降成因主要包括矿产资源开发、地壳活动、海平面上升、地表荷载影响及自然作用等。

1. 矿产资源开发

其主要包括固体（煤、盐岩、金属矿产）、液体（石油、地下水）和气体（天然气）等矿产资源的开发活动。波兰的莱格纳卡铜矿是世界上最大的铜矿，铜矿开采大量排水，造成地面最大沉降量达 0.8 米；南斯拉夫吐斯拉城岩盐矿经过近百年的开采，盐水层水压力下降，地面最大沉降量达 10 米。据统计，80% 的地面沉降是由地下水开采引起的，如意大利的威尼斯、日本的东京及中国的上海、宁波等。

2. 地壳活动

地壳活动包括火山喷发、地震、断裂构造影响等。日本神户地震引起砂土液化，导致地面严重沉降，最大沉降量达 4.7 米。意大利波河平原构造引起的地面沉降速率为 2 毫米/年。

3. 海平面上升

联合国政府间气候变化专门委员会在评价报告中，认为全球海平面在过去 100 年间平均上升速率为 3.2 毫米/年。近年来，中国国家海洋局研究成果显示，上升速率增至 2.1~2.3 毫米/年，海平面呈加速上升趋势。

4. 地表荷载影响

地表建筑物和交通工具等动、静荷载的影响，造成区域性地面沉降。

5. 自然作用

自然作用包括土层自重固结、有机质氧化等。地面沉降范围与泥炭沉积层分布相一致。

（二）地面沉降的形成条件

大量的研究证明，过量开采地下水是地面沉降的外部原因，中等、高压缩性黏土层和承压含水层的存在则是地面沉降的内部原因。多数人认为，沉降是由于过量开采地下水、石油和天然气、卤水以及高大建筑物的超量荷载等引起的。

在孔隙水承压含水层中，抽取地下水所引起的承压水位的降低，必然要使含水层本身及其上、下相对隔水层中的孔隙水压力随之而减小。根据有效应力原理可知，土层中由覆盖层荷载引起的总应力是由孔隙中的水和土颗粒骨架共同承担的。假定抽水过程中土层内部应力不变，那么孔隙水压力的减小必然导致土层中有效应力等量增大，结果就会引起孔隙体积减小，从而使土层压缩。

从地质条件看，疏松的多层含水层体系、水量丰富的承压含水层、开采层影响范围内正常固结或欠固结的可压缩性厚层黏性上层等的存在都有助于地面沉降的形成。从土层内的应力转变条件来看，承压水位大幅度波动式的持续降低是造成范围不断扩大累进性应力转变的必要前提。

1. 厚层松散细粒土层的存在

地面沉降主要是抽采地下流体引起土层压缩产生的，厚层松散细粒土层的存在则构成了地面沉降的物质基础。在广大的平原、山前倾斜平原、山间河谷盆地、滨海地区及河口三角洲等地区分布有很厚的第四系等松散或未固结的沉积物，因此，地面沉降多发生于这些地区。例如，在滨海三角洲平原，第四纪地层中含有比较厚的淤泥质黏土，呈软塑状态或流动状态。这些淤泥质黏性土的含水量可超过 60%，孔隙比大、强度低、压缩性强，易于发生塑性流变。当大量抽取地下水时，含水层中地下水压力降低，淤泥质黏土隔水层孔隙中的弱结合水压力差加大，使孔隙水流入含水层，有效压力加大，结果发生黏性土层的压缩变形。

易于发生地面沉降的地质结构为砂层、黏土层互层的松散土层结构。随着抽取地下水，承压水位降低，含水层本身及其上、下相对隔水层中孔隙水压力减小，地层压缩导致地面发生沉降。

2. 长期过量开采地下流体

未抽取地下水时，黏性土隔水层或弱隔水层中的水压力与含水层中的水压力处于平衡状态。在抽水过程中，由于含水层的水头降低，上、下隔水层中的孔隙水压力较高，因而向含水层排出部分孔隙水，结果使上、下隔水层的水压力降低。在上覆土体压力不变的情况下，黏土层的有效应力加大，地层受到压缩，孔隙体积减小。这就是黏土层的压缩过程。

因为抽取地下水，在井孔周围形成水位下降漏斗，承压含水层的水压力下降，即支撑上覆岩层的孔隙水压力减小，这部分压力转移到含水层的颗粒上，所以，含水层因有效应力加大而受压缩，孔隙体积减小，排出部分孔隙水。这就是含水层压缩的机理。

地面沉降与地下水开采量和动态变化有着密切联系：地面沉降中心与地下水开采漏斗中心区呈明显一致性；地面沉降区与地下水集中开采区域大体相吻合；地面沉降量等值线展布方向与地下水开采漏斗等值线展布方向基本一致，地面沉降的速率与地下液体的开采量和开采速率有良好的对应关系；地面沉降量及各单层的压密量与承压水位的变化密切相关。

很多地区已经通过人工回灌或限制地下水的开采来恢复和抬高地下水位，其控制了地面沉降的发展，甚至有些地区还使地面有所回升。这就更进一步证实了地面沉降与开采地下液体引起水位或液压下降之间的成因联系。

3. 新构造运动的影响

平原、河谷盆地等低洼地貌单元多是新构造运动的下降区，所以，由新构造运动引起的区域性下沉对地面沉降的持续发展也具有一定的影响。

西安地面沉降区位于西安断陷区的东缘，由于长期下沉，新生界累计厚度已经超过3 000 米。渭河盆地大地水准测量表明，西安的断陷活动仍在继续，在北部边界渭河断裂及东南部边界临潼-长安断裂测得的平均活动速率分别为 3.37 毫米/年和 3.98 毫米/年，构造下沉约占同期各沉降中心部位沉降速率的 3.1%~7.0%。

4. 城市建设对地面沉降的影响

相对于抽采地下流体和构造运动引起的地面下沉，城市建设造成的地面沉降是局部的，有时也是不可逆转的。城市建设按施工对地基的影响方式可分为以水平方向为主和以垂直方向为主两种类型。水平方向为主以重大市政工程为代表，如地铁、隧道、给水排水工程、道路改扩建等，利用开挖或盾构掘进，并铺设各种市政管线。垂直方向为主以高层建筑基础工程为代表，如基坑开挖、降排水、沉桩等。沉降效应较为明显的工程措施有开挖、降排水、盾构掘进、沉桩等。若揭露有流沙性质的饱水砂层或具流变特性的泡和淤泥质软土，在开挖深度和面积较大的基坑时，则有可能造成支护结构失稳，从而导致基坑周边地区地面沉降，而规模较大的隧道、涵洞的开挖有时具有更显著的沉降效应。降排水常作为基坑等开挖工程的配套工程措施，旨在预先疏干作业面渗水，其机理与抽取地下水引发地面沉降一致。

城市建设施工造成的沉降与工程施工进度密切相关，沉降主要集中于浅部工程活动相对频繁和集中的地层中，与开采地下水引起的沉降主要发生在深部含水砂层有根本区别。

三、地面沉降的分布规律

地面沉降灾害在全球各地均有发生。由于工农业生产的发展、人口的剧增及城市规模的扩大，大量抽取地下水引起了强烈的地面沉降，特别是在大型沉积盆地和沿海平原地区，地面沉降灾害更加严重。石油、天然气的开采也可造成大规模的地面沉降灾害。

中国地面沉降的地域分布具有明显的地带性，主要位于厚层松散堆积物分布地区。

（一）大型河流三角洲及沿海平原区

其主要分布在长江、黄河、海河及辽河下游平原和河口三角洲地区。这些地区的第四纪沉积层厚度大，固结程度差，颗粒细，层次多，压缩性强；地下水含水层多，补给径流条件差，开采时间长，强度大；城镇密集、人口多，工农业生产发达。这些地区的地面沉降首先从城市地下水开采中心开始形成沉降漏斗，进而向外围扩展，从而形成以城镇为中心的大面积沉降区。

（二）小型河流三角洲区

其主要分布在东南沿海地区，第四纪沉积厚度不大，以海陆交互的黏土层和砂层为主，土层压缩性相对较小。地下水开采主要集中于局部的富水地段。地面沉降范围一般比较小，主要集中于地下水降落漏斗中心附近。

（三）山前冲洪积扇及倾斜平原区

其主要分布在燕山和太行山山前倾斜平原区，以北京、保定、邯郸、郑州及安阳等大、中城市最为严重。该区第四纪沉积层以冲积、洪积形成的砂层为主；区内城市人口众多、城镇密集，工农业生产集中；地下水开采强度大、地下水位下降幅度大。地面沉降主要发生在地下水集中开采区，沉降范围由开采范围决定。

（四）山间盆地和河流谷地区

其主要分布在陕西省的渭河盆地及山西省的汾河谷地，以及一些小型山间盆地内，如西安、咸阳、太原、运城、临汾等城市。第四纪沉积物沿河流两侧呈条带状分布，以冲积砂土、黏性土为主，厚度变化大；地下水补给、径流条件好；构造运动表现为强烈的持续断陷或下陷，地面沉降范围主要在地下水降落漏斗区。

四、地面沉降的危害

地面沉降所造成的破坏和影响是多方面的，涉及资源利用、经济发展、环境保护、社会生活、农业耕作、工业生产、城市建设等各个领域。其主要危害表现为地面标高损失，继而造成雨季地表积水，防泄洪能力下降；沿海城市低地面积扩大、海堤高度下降而引起海水倒灌；海港建筑物破坏，其装卸能力降低；地面运输线和地下管线扭曲断裂；城市建筑物基础下沉脱空开裂；桥梁净空减小，影响通航；深井井管上升，井台破坏，城市供水及排水系统失效；农村低洼地区洪涝积水，使农作物减产等。地面沉降造成的损失是综合的，危害是长期的、永久的，其危害程度也是逐年增加的。

（一）滨海城市海水侵袭

世界上有许多沿海城市，如日本的东京市、大阪市和新玛市，美国的长滩市，中国的上海市、天津市、台北市等，由于地面沉降致使部分地区地面标高降低，甚至低于海平面。这些城市经常遭受海水的侵袭，严重危害当地的生产和生活。为了防止海潮的威胁，人们不得不投入巨资加高地面或修筑防洪墙或护岸堤。

中国上海市的黄浦江和苏州河沿岸，由于地面下沉，海水经常倒灌，影响沿江交通，威胁码头仓库。虽然风暴潮是气象方面的因素引起的，但地面沉降损失近3米的地面标高也是海水倒灌的重要原因。地面沉降也使内陆平原城市或地区遭受洪水灾害的频次增多、危害程度加重。可以说，低洼地区洪涝灾害是地面沉降的主要致灾特征。

（二）港口设施失效

地面下沉使码头失去效用，港口货物装卸能力下降。美国的长滩市，因地面下沉而使港口码头报废。中国上海市海轮停靠的码头，高潮时江水涌上地面，货物装卸被迫停顿。

（三）桥墩下沉，影响航运

桥墩随地面沉降而下沉，使桥下净空减小，导致水上交通受阻。上海市的苏州河，原先每天可通过大小船只2 000条，航运量达100万~120万吨。由于地而沉降，桥下净空减小，大船无法通航，中小船通航也受到影响。

（四）地基不均匀下沉，建筑物开裂倒塌

地面沉降往往使地面和地下建筑遭受巨大的破坏，如建筑物墙壁开裂或倒塌、高楼脱空，深井井管上升、井台破坏，桥墩不均匀下沉，自来水管弯裂漏水等。例如，美国内华达州的拉斯维加斯市，因地面沉降加剧，建筑物损坏数量剧增；中国江阴市河塘镇地面塌陷，出现长达150米以上的沉降带，造成房屋墙壁开裂、楼板松动、横梁倾斜、地面凹凸不平，约5 800平方米建筑物成为危房，一座幼儿园和部分居民已被迫搬迁。

地面沉降强烈的地区，伴生的水平位移有时也很大，如美国长滩市地面垂直沉降伴生的水平位移最大达到3米，不均匀水平位移所造成的巨大剪切力，使路面变形、铁轨扭曲、桥墩移动、墙壁错断倒塌、高楼支柱和桁架弯扭断裂、油井及其他管道破坏。

五、地面沉降类型

（一）按发生地面沉降的地质环境划分

1. 现代冲积平原模式，如我国的东北平原、华北平原、长江中下游平原。

2. 三角洲平原模式，尤其是在现代冲积三角洲平原地区，如长江三角洲就属于这种类型。常州、无锡、苏州、嘉兴、萧山的地面沉降均发生在这种地质环境中。

3. 断陷盆地模式，其又可分为近海式和内陆式两类。近海式指滨海平原，如宁波；内陆式则为湖冲积平原，如西安市、大同市。

不同地质环境模式的地面沉降具有不同的规律和特点，在研究方法和预测模型方面也有所不同。

（二）按地面沉降发生的原因划分

1. 基坑工程降水、抽汲地下水引起的地面沉降。

2. 采掘固体矿产引起的地面沉降。

3. 开采石油、天然气引起的地面沉降。

4. 抽汲卤水引起的地面沉降。

六、地面沉降的监测和预测

（一）地面沉降的监测

我国是地面沉降较为严重的国家，已经陆续发现具有不同程度的区域性地面沉降的城市有 70 多个。可能还有一些城市虽已发生地面沉降，但因没有进行全国性的城市地面高程的精密测量，所以还不能对我国地面沉降进行全面的评估。因此，加强全国性的地面沉降普查工作，查明引起地面沉降的主导因素，有利于预测未来可能发生的地面沉降灾害，才能有目的地对一些重点地区进行监测，并提出合理的预防治理措施。

通过对调查区的地下水动态、地层应力状态、土层变形和地面沉降等的定期监测，取得实测动态变化数据，以便为地面沉降分析、预测及制定防护措施提供依据。为了掌握地面沉降的规律和特点，合理拟定控制地面沉降的措施，其研究工作应包括下述内容。

1. 地下水动态监测

地下水动态监测内容有：地下水开采量、人工回灌量、地下水位、水温和水质等。

2. 孔隙水压力监测

孔隙水压力的分布反映了土体在现场的应力状态，为了研究采灌过程中土体压密与膨胀的机理过程，确定在复杂的水位变化条件下沉降计算时的初始应力条件和土性指标的反算，必须进行孔隙水压力测量。

根据孔隙水压力监测资料可绘制出孔隙水压力随深度的历时变化曲线，并应用于分析孔隙水压力与土层变形的规律，反算土层的压缩性参数，还可应用于实测的孔隙水压力资料计算定点的地面沉降。

3. 土层变形监测

（1）土层变形监测是通过对不同埋设深度的分层标进行定期测量。这是一种高精度的相对水准测量，施测精度应达到国家一等水准测量的要求。

（2）在有基岩标的地区，以基岩标为基点，或者以最深的分层标作为基点，定期测量各分层标相对于基点的高差变化，以计算土层的分层变形量。

（3）监测周期：一般对主要的分层标组每10天测量1次，其他分层标组每30天测量1次。

（4）资料整理：分层标测量结束后，应计算本次沉降量、累计沉降值和各土层的变形量。

4. 地面沉降监测

地面沉降监测，即面积性水准测量，比较不同时期的水准测量成果，获得各水准点的高程升降变量和沉降区内地面沉降的全貌动态。

（1）地面沉降监测高程网布设原则

①证实城市有地面沉降时，宜改建原有城市高程网，使其适应地面沉降监测的要求。②尽量利用原有城市水准网，即用于城市地面沉降监测的水准网（简称沉降网），其水准路线的走向及点位宜与城市原有水准网的线、点重合，以保持资料的连续性和可比性。③必要时可调整城市水准网的路线，或在局部地区布设专用的沉降网。

（2）沉降点密度与复测周期

根据城市各地区的水文地质、工程地质条件和年均沉降量，划分若干个沉降区。不同沉降区，其沉降点（即地面沉降监测水准点）的密度和复测周期也不同。沉降点的密度亦可根据地面沉降勘测所选择的图件比例尺而定，当采用1∶50 000图件时，沉降点平均密度为每平方千米1.5个点，沉降中心等重点地段加密至每平方千米2.0个点。

5. 沉降监测时间和监测精度

①地面沉降监测的时间应选择在年内沉降速度最缓、地面沉降变量对监测精度影响最

小的时段。

②在地面沉降较缓的时期或地区，可按一等或二等水准测量的要求进行监测。

③在地面沉降发展距离、沉降速度较大的时期或地区，可按二等、三等或四等水准测量的要求进行监测。

6. 沉降监测资料整理

①进行水准网平差与插线高程计算，求得各水准点的沉降量，并填表登记。

②确定等值线间距（不小于最弱点中误差值），编制沉降量等值线。

③以面积为"权"，应用加权平均法计算各沉降区的年均沉降量。

（二）地面沉降趋势的预测

虽然地面沉降可导致房屋墙壁开裂、楼房因地基下沉而脱空和地表积水等灾害，但其发生、发展过程比较缓慢，属于一种渐进性地质灾害，所以，对地面沉降灾害只能预测其发展趋势，根据地面沉降的活动条件和发展趋势，预测地面沉降速度、幅度、范围及可能产生的危害。目前，地面沉降预测计算模型主要有两种。

1. 土水模型。由水位预测模型和土力学模型两部分构成，可利用相关法、解析法和数值法等对地下水水位进行预测分析；土力学模型包括含水层弹性计算模型、黏性土层最终沉降量模型、太沙基固结模型、流变固结模型、比奥固结理论模型、弹塑性固结模型、回归计算模型及半理论、半经验模型（如单位变形量法等）和最优化计算法等。

2. 生命旋回模型。主要从地面沉降的整个发展过程来考虑，直接由沉降域与时间之间的相关关系构成，如泊松旋固模型、弗赫斯特（Verhulst）模型和灰色预测模型等。

晏同珍用动力学和数学方法预测了西安市的地面沉降周期趋势，并绘制了动力曲线图，得出地面沉降周期均为 25 年的结论。根据地面沉降周期预测，其认为西安市 1992—1996 年地面沉降达到峰值，此后将显著减缓，2050 年地面沉降威胁结束。

七、地面沉降防治

地面沉降主要由新构造运动或海平面相对上升而引起，这类地区应根据地面沉降或海面上升速率和使用年限等，采取预留高程措施。在古河道新近沉积分布区，对可发生地震液化塌陷地带，可采取挤密碎石桩、强夯或固化液化层等工程措施。在欠固结土分布和厚层软土上大面积回填堆载地区，可采用强夯、真空预压或固化软土等措施。对因过量开采地下水而引起的地面沉降，则应采取控制地下水开采量，调整开采层次，开展人工回灌，开辟新的供水水源等综合措施。

防治措施可分为监测预测措施、控沉措施、防护措施和避灾措施。

（一）监测预测措施

首先要加强地面沉降调查与监测工作，基本方法是设置分层标、基岩标、孔隙水压力标、水准点、水动态监测点、海平面监测点等，定期进行水准测量，并进行地下水开采量、地下水位、地下水压力、地下水水质监测及回灌监测等。其次要按区域控制不同水文地质单元，重点监测地面沉降中心、重点城市及海岸带。查明地面沉降及致灾现状，研究沉降机理，找出沉降规律，预测地面沉降速度、幅度、范围及可能的危害，为控沉减灾提供科学依据并且建立预警机制。

（二）控沉措施

1. 根据水资源条件，限制地下水开采量，防止地下水水位大幅度持续下降，控制地下水降落漏斗规模。

2. 根据地下水资源的分布情况，合理选择开采区，调整开采层和开采时间，避免开采地区、层位、时间过分集中。

3. 人工回灌地下水，补充地下水水量，提高地下水水位。

从1966年起，上海市开始限采地下水，向地层回灌自来水，"冬灌夏用""夏灌冬用"，以地下含水层储能及开采深部含水层等众多措施将地面沉降稳住，1966—1971年其地面标高还出现了3毫米回弹。上海市过去地下水取水点很多，现在已经大量压缩：上海市采取控制地下水开采和地下水人工回灌两大措施，使上海市地面沉降从历史最高的年沉降量110毫米，下降至目前的年沉降量10毫米左右。

（三）防护措施

地面沉降除有时会引起工程建筑不均匀沉降外，还会引起沉降区地面高程降低，从而导致积洪滞涝、海水入侵等次生灾害。针对这些次生灾害，采取的主要防护措施是修建或加高加固防洪堤、防潮堤、防洪闸、防潮闸及疏导河道、兴建排洪排涝工程，垫高建设场地，适当增加地下管网强度等。

（四）避灾措施

搞好规划，一些对地面沉降比较敏感的新扩建工程项目要尽量避开地面沉降严重和潜在的沉降隐患地带，以免造成不必要的损失。

对城市建设来说，不仅要研究城市化建设产生和加剧地面沉降的原因，而且更要研究地面沉降对城市建设和发展的影响和危害。在城市规划、工业布局、市政建设、大型建筑物的设计和建造中，必须慎重考虑地面沉降这一重要因素。此外，在城市化建设中，城市地下水资源开发利用必须充分体现保护自然资源和生态环境持续利用的生态观、促进区域经济增长的发展观和确保地区社会进步的文明观，使得资源利用、环境保护、经济发展和社会进步达到有机协调，确保地区经济和社会可持续发展。

第二节 地裂缝灾害及防治

一、地裂缝的概念与特征

（一）地裂缝的概念

地裂缝是地表岩层、土体在自然因素（地壳活动、水的作用等）或人为因素（抽水、灌溉、开挖等）作用下产生开裂，并在地面形成一定长度和宽度的裂缝的一种地质现象。有时地裂缝活动同地震活动有关，或为地震前兆现象之一，或为地震在地面的残留变形，后者又称地震裂缝。当这种现象发生在有人类活动的地区时，便可成为一种地质灾害。

地裂缝是一种独特的城市地质灾害。自 20 世纪 50 年代后期发现，1976 年唐山大地震以后活动明显加强，特别是进入 80 年代以来，过量抽汲承压水导致的地裂缝两侧不均匀地面沉降进一步加剧了地裂缝的活动。地裂缝所经之处，地面及地下各类建筑物开裂，破坏路面，错断地下供水、输气管道，危及一些文物古迹的安全，不但造成了重大经济损失，也给居民生活带来不便，甚至危及人们的生命安全。

地裂缝灾害是我国主要地质灾害之一，广泛分布于全国各地。近年来，也表现出了愈演愈烈的倾向，据中国地质环境监测院发布的《全国地质灾害通报》的数据表明，2009年我国共发生地裂缝灾害 115 处，2010 年我国共发生地裂缝灾害 238 处，2011 年我国共发生地裂缝灾害 86 处，2012 年我国共发生地裂缝灾害 55 处，2013 年我国共发生地裂缝灾害 301 处。在空间分布上，地裂缝发育的范围越来越广，最早只在西安、邯郸、沭阳等地出现过，而近 20 多年来已经在全国 20 多个省（自治区、直辖市）都有发现。《中国地质环境公报》的数据显示，我国地裂缝主要发生在山东、山西、河北、陕西、江苏、河南等省，其中仅 2007 年就在山西省发现 262 条地裂缝，总长度达 330 千米。如果地裂缝出现在人群和住宅建筑密集的城市中，它的破坏力将会更大。在城市中，已出现地裂缝的有西安、大同、保定、石家庄、天津、淄博等市，其中以西安最为典型和严重。

自 1959 年零星发现地裂缝以来，在西安市现已发现的具有一定长度规模的地裂缝达 14 条之多，其成为城市住宅建设、地下排水管道铺设、城巾轨道建设、隧道开挖的极大障碍，目前的技术手段还难以抗御。调整人类工程活动和采取必要的治理措施能对地裂缝的影响起到一定的减轻与预防作用。在目前的技术水平和认识状况下，各类工程建筑绕、避这类裂缝区段，是一种最为有效的减灾措施。

（二）地裂缝的特征

地裂缝的特征主要表现为地裂缝发育的方向性和延展性、地裂缝灾害的非对称性和不均一性、地裂缝的渐进性及地裂缝的周期性。

1. 地裂缝发育的方向性和延展性

地裂缝常沿一定方向延伸，在同一地区发育的多条地裂缝延伸方向大致相同。地裂缝造成的建筑物开裂通常由下向上蔓延，以横跨地裂缝或与其成大角度相交的建筑物破坏最为强烈。地裂缝灾害在平面上多呈带状分布，从规模上看，多数地裂缝的长度为几十米至几百米，长者可达几千米。

2. 地裂缝灾害的非对称性和不均一性

地裂缝以相对差异沉降为主，其次为水平拉张和错动。地裂缝的灾害效应在横向上由主裂缝向两侧致灾强度逐渐减弱，而且地裂缝两侧的影响宽度及对建筑物的破坏程度具有明显的非对称性。例如，大同铁路分局地裂缝的南侧影响宽度明显比北侧的影响宽度大。同一条地裂缝的不同部位，地裂缝活动强度及破坏程度也有差别，在转折部位相对较重，显示出不均一性。例如，西安大雁塔地裂缝，其东段的地裂缝活动强度最大，塌陷灾害最严重，中段的地裂缝灾害次之，西段的地裂缝破坏效应很不明显。在剖面上，地裂缝危害程度自下而上逐渐加强，累计破坏效应集中于地基基础与上部结构交接部位的地表浅部十几米深的范围内。

3. 地裂缝灾害的渐进性

地裂缝灾害是因地裂缝的缓慢蠕动扩展而逐渐加剧的。所以，随着时间的推移，其影响和破坏程度日益加重，最后可能导致房屋及建筑物的破坏和倒塌。

4. 地裂缝灾害的周期性

地裂缝活动受区域构造运动及人类活动的影响，因此，在时间序列上往往表现出一定的周期性。当区域构造运动强烈或人类过量抽取地下水时，地裂缝活动加剧，致灾作用增强，反之，则减弱。

二、地裂缝的类型与分布

（一）地裂缝的类型

地裂缝是一种缓慢发展的渐进性地质灾害。按其成因可分为内动力作用形成的构造地裂缝和外动力作用形成的非构造地裂缝两大类。

1. 构造地裂缝

构造地裂缝是在构造运动和外动力地质活动（自然和人为）共同作用下的结果，前者是地裂缝形成的前提条件，决定了地裂缝活动的性质和展布特征；后者是诱发因素，影响着地裂缝发生的时间、地段和发育程度。这种地裂缝分布广、规模大，危害最严重。从构造地裂缝所处的地质环境来看，构造地裂缝大都形成于隐伏活动断裂带之上。断裂两盘发生差异活动导致地面拉张变形，或者因活动断裂走滑、倾滑诱发地震影响等均可在地表产生地裂缝。更多情况是在广大地区发生缓慢的构造应力积累而使断裂发生蠕变活动形成地裂缝。区域应力场的改变使土层中构造节理开启也可发展为地裂缝。

构造地裂缝形成发育的外部因素主要有两方面：①大气降水加剧裂缝发展；②人为活动，因过度抽水或灌溉水渗入等都会加剧地裂缝的发展。西安市地裂缝就是因城市过量抽水产生地面沉降，从而加剧了地裂缝的发展。

构造地裂缝的延伸稳定，不受地表地形、岩土性质和其他地质条件影响，可切错山脊、陡坎、河流阶地等线状地貌。构造地裂缝的活动具有明显的继承性和周期性。构造地裂缝在平面上常呈断续的折线状、锯齿状或雁行状排列；在剖面上近于直立，呈阶梯状、地堑状、地垒状排列。

2. 非构造地裂缝

非构造地裂缝的形成原因比较复杂，崩塌、滑坡、岩溶塌陷和矿山开采，以及过量开采地下水所产生的地面沉降都会伴随地裂缝的形成；黄土湿陷、膨胀土胀缩、松散土潜蚀也可造成非构造地裂缝；另外，干旱、冻融也可引起非构造地裂缝。非构造成因的地裂缝的纵剖面形态大多呈弧形、圈椅形或近于直立。

实践表明，许多地裂缝并不是单一成因的，而是以一种原因为主，同时又受其他因素影响的综合作用的结果。所以，在分析地裂缝形成条件时，还要具体现象具体分析。就总体情况看，控制地裂缝活动首先是控制现今构造活动程度，其次是控制崩塌、滑坡、塌陷等灾害动力活动程度及动力活动条件等。

（二）地裂缝的分布

中国地裂缝主要是断裂构造蠕变活动而产生的构造地裂缝。断裂构造蠕变地裂缝的分布十分广泛，在华北地区和长江中下游地区尤为发育。在汾渭盆地、太行山东麓平原和大别山东北麓平原形成了三个规模巨大的地裂缝发育地带。另外，在豫东、苏北及鲁中南等地区，还有一些规模较小的地裂缝发育带。

1. 汾渭盆地地裂缝带

自六盘山南麓的宝鸡，沿渭河向东经西安到风陵渡转向 NE 方向，沿汾河经临汾、太原到大同，发育有一个地裂缝带，最大展布宽度近 100 千米、延伸长度约为 1 000 千米。该带沿汾渭盆地边缘断裂带内侧的第四纪沉积区延伸。山西大同机车厂地裂缝始见于 1977 年，发生在剧场街 9 号楼附近，长 200 米，使剧场街 9 号楼出现裂缝。20 世纪 80 年代以后，该地裂缝迅速发展，1986 年延伸了 100 米，1988—1989 年进一步发展到 5 000 米，至今仍在活动。该地裂缝走向为 NE57°，宽 1~6 厘米。其南盘相对下滑，垂直相对位移为 2~5 厘米，最大垂直相对位移为 18 厘米。地裂缝破坏带宽 5~20 米。

2. 太行山东麓倾斜平原地裂缝带

位于太行山山前的河北平原和豫北平原有许多地区相继发生日益严重的地裂缝活动，北起保定，向南经石家庄、邢台、邯郸进入河南的安阳、新乡、郑州一带以后，转而向西延伸，经洛阳达三门峡一带，与渭河盆地和运城盆地的地裂缝带相连，全长约为 800 千米。在该带共有 50 多个县（市）发现 400 多处地裂缝。

3. 大别山北麓地裂缝带

在大别山北麓的山前倾斜平原地区出现了大量地裂缝，主要分布在豫东南和皖西南的 11 个县（市），其范围为南北宽近 100 千米、东西长约 150 千米，可大致分为三个近 EW 向延伸的地裂缝密集带：①从大别山北麓的信阳、六安向东到南通的 EW 向地裂缝带，其地裂缝除在潢川-寿县一带进一步发展外，在马鞍山至如东一带也出现不少地裂缝。②周口-阜阳-寿县和商丘-永城-蚌埠两个相近平行延伸的 NW 向地裂缝带。③沂水-郯城-宿迁 NNE 向地裂缝带。单个地裂缝规模不等，长一般为 10~300 米，宽一般为 10~50 厘米，个别为 1 米左右，深一般为 3~5 米。1976 年唐山地震前后，大别山北麓地裂缝活动加剧，其范围几乎扩展到整个淮河流域和长江、黄河中下游地区。据不完全统计，在豫、皖、苏、鲁四个省中有 152 个县（市）出现了地裂缝。

我国华北地裂缝绝大多数发生在第四系松散沉积层中，它们的分布方向性强且大多不受地貌限制，在山前洪积台地、低山丘陵、河谷阶地、河漫滩、冲积和湖积平原，都有其形迹，较大者可穿过几种微地貌单元，常常多组地裂缝相互交叉或趋势性交叉，构成网络。

4. 其他地区的地裂缝

除上述华北地区的三个大规模地裂缝带外，在中国其他地区也有一些零星的地裂缝或小规模地裂缝带分布。地裂缝是黄土高原台塬区与沟壑区交界处常见的一种地质现象，如华南膨胀土、花岗石风化残积土分布区的地裂缝，西部地区因地震而产生的断层地裂缝，高原地区冻土分布范围内的融冻地裂缝等。

三、地裂缝的危害

地裂缝是现代地表破坏的一种形式，其本质与裂隙差不多，但规模比裂隙壮观，形成的时间也比较短暂。地裂缝从 20 世纪中期以来，发生频率及规模逐年加剧，已成为一种区域性的主要地质灾害。

地裂缝在形成和扩展过程中对原有地形地貌的改造，对地下水补、径、排条件的影响及对土层天然结构的破坏作用，均会引发一系列诸如潜蚀、湿陷、地面沉降或塌陷等次生地质灾害，而这些灾害又对地裂缝的活动性产生激发作用，从而形成一种恶性循环。

地裂缝活动使其周围一定范围内的地质体内产生形变场和应力场，进而通过地基和基础作用于建筑物。地裂缝两侧出现的相对沉降差及水平方向的拉张和错动，可使地表设施发生结构性破坏或造成建筑物地基的失稳。地裂缝穿越厂房民居，横切地下洞室、路基，造成城市内建筑物开裂、道路变形、管道破坏，严重危及城市建设与人民生活。地裂缝的主要危害是房屋开裂、地面设施破坏和农田漏水。在上述三条巨型地裂缝带中，汾渭盆地地裂缝带不仅规模最大、裂缝类型多，而且危害十分严重。据不完全统计，迄今已造成数亿元的经济损失。河北省及京津地区 60 个县（市）已发现地裂缝 453 条，其造成大量建筑和道路破坏，上千处农田漏水，经济损失达亿元以上。近年，陕西省泾阳县出现一条 2 000 米长的地裂缝，从东到西穿过该县龙泉乡沙沟村。该地裂缝时宽时窄，最宽处超过 1 米。该地裂缝经过沙沟村中数十户民房，造成民房墙上、地上全部出现程度不等的砖缝错位、土墙开裂和地面凹陷等。

四、地裂缝灾害的防治

地裂缝灾害是一种与人类工程活动有关的环境地质灾害，它的发生频率与强度是内、外动力地质作用及人类工程活动共同作用的结果。人类工程活动的盲目性和不科学性缩短了地裂缝的活动周期，也增大了地裂缝的灾害规模。因此，要减轻和缓解地裂缝的灾害规模与灾害程度，就必须分析地裂缝的发生、发展原因，科学规划城市的发展建设，以实现区域可持续发展。

地裂缝灾害多数发生在由主要地裂缝所组成的地裂缝带内，所有横跨主地裂缝的工程和建筑都可能受到破坏。防治地裂缝灾害，首先通过地面勘察、地形形变测量、断层位移测量及音频大地电场测量、高分辨率纵波反射测量等方法监测地裂缝活动情况，预测、预报地裂缝发展方向、速率及可能的危害范围；对人为成因的地裂缝灾害防治关键在于预防，合理规划、严格禁止地裂缝附近的开采行为；对自然成因的地裂缝灾害防治则主要在于加强调查和研究，开展地裂缝易发区的区域评价，以避让为主，从而避免或减轻经济损失。

（一）控制人为因素的诱发作用

对于非构造地裂缝，可以针对其发生的原因，采取各种措施来防止或减少地裂缝灾害的发生。例如，采取工程措施防止发生崩塌、滑坡，通过控制抽取地下水防止和减轻地面沉降塌陷等；对于黄土湿陷裂缝，主要应防止降水和工业、生活用水的下渗和冲刷；在矿区井下开采时，根据实际情况，控制开采范围，增多、增大预留保护柱，防止矿井坍塌诱发地裂缝。

（二）建筑设施避让防灾措施

对于构造成因的地裂缝，因为其规模大、影响范围广，所以在地裂缝发育地区进行开发建设时，首先应进行详细的工程地质勘察，调查研究区域构造和断层活动历史，对拟建场地查明地裂缝发育带及隐伏地裂缝的潜在危害区，做好城镇发展规划，即合理规划建筑物布局，使工程设施尽可能避开地裂缝危险带，特别要严格限制永久性建筑设施横跨地裂缝。一般避让宽度不少于 4~10 米。

对已经建在地裂缝危险带内的工程设施，应根据具体情况采取加固措施。例如，跨越地裂缝的地下管道工程，可采用外廊隔离、内悬支座式管道并配以活动软接头连接措施等。对已遭受地裂缝严重破坏的工程设施，须进行局部拆除或全部拆除，防止对整体建筑或相邻建筑造成更大规模破坏。

（三）控制地下水超采

地下水超采是城市地裂缝活动的重要诱发因素，尤其是对水源地盲目地集中强化开采，容易导致地下水降落漏斗中心水位的降深过大，引起含水层组固结压缩的极度不均匀，在固结沉降区边缘形成较高的形变梯度，加大了地裂缝在地表的变形幅度。因此，应合理控制现有水源地开采强度，同时，考虑开辟新的水源地，以减小地面沉降形变梯度，这对降低地裂缝的活动性具有重要作用。

（四）重视对地裂缝的长期监测工作

通过观测资料的长期积累，了解地裂缝活动的特点，以进一步分析其成因，为地裂缝灾害的减灾防灾提供可靠的依据。

第三节　地面塌陷灾害及防治

一、地面塌陷的概念

地面塌陷是指地表岩、土体在自然或人为因素作用下，向下陷落，并在地面形成塌陷坑（洞）的一种地质现象。当这种现象发生在有人类活动的地区时，便可能成为一种地质灾害。

我国岩溶塌陷分布广泛，以广西、湖南、贵州、湖北、江西、广东、云南、四川、河北、辽宁等省（自治区、直辖市）最为发育。

地面塌陷灾害主要体现为以下特征：第一，隐伏性。其发育发展情况、规模大小、可能造成地表塌陷的时间及地点具有极大的隐伏性，发生之前很难被人意识到；第二，突发性。一次完整的地面塌陷过程时间可能就 1 分钟左右，因此往往使人们在地面塌陷发生时措手不及，从而造成财产损失和人员伤亡；第三，群发性与复发性。地面塌陷灾害往往不是孤立存在的，常在同一地区或某一时段集中发生形成灾害群。

二、地面塌陷的分类

（一）按地面塌陷成因划分

地面塌陷的主要原因分为自然塌陷和人为塌陷两大类。自然塌陷是地表岩、土体由于自然因素作用，如地震、降水、自重等，向下陷落而成；人为塌陷是人类工程活动作用导致的地面塌落。在这两大类中，又可根据具体因素分为许多类型，如地震塌陷、矿山采空塌陷、复合型（自然-人为）塌陷等。

（二）按塌陷区是否有岩溶发育划分

按塌陷区是否有岩溶发育，地面塌陷划分为岩溶地面塌陷和非岩溶地面塌陷。岩溶地面塌陷主要发育在覆盖型岩溶地区，是由于隐伏岩溶洞隙上方岩、土体在自然或人为因素作用下，产生陷落而形成的地面塌陷。非岩溶地面塌陷又根据塌陷区岩、土体的性质分为黄土塌陷、火山熔岩塌陷和冻土塌陷等许多类型。

1. 岩溶地面塌陷

岩溶又称喀斯特，是水（包括地表水和地下水）对可溶性岩石进行的以化学溶蚀作用为主的改造和破坏地质作用，以及由此产生的地貌及水文地质现象的总称。岩溶作用以化学溶蚀为主，同时还包括机械破碎、沉积、坍塌、搬运等作用，是一个化学和物理相结合的综合作用。可溶性岩石包括碳酸盐岩、硫酸盐岩、卤化物等。覆盖在岩溶形态之上的土层经过岩溶水体的潜蚀等作用而形成洞隙、土洞直至地面塌陷等地质灾害。

岩溶发育的条件主要有：第一，具有可溶性的岩层；第二，具有溶解能力（含 CO_2）和足够流量的水；第三，具有地表水下渗、地下水流动的途径。

岩溶发育具有一定的规律，与岩性、地质构造、新构造运动、地形、地表水体同岩层产状关系、气候及岩溶发育的带状性与成层性等因素有关。

（1）岩溶与岩性的关系

岩石成分、成层条件和组织结构等直接影响岩溶的发育程度及速度。一般来说，硫酸盐类和卤素类的岩层岩溶发育速度较快；碳酸盐类岩层岩溶则发育速度较慢，质纯层厚的碳酸盐类岩层，岩溶发育强烈，且形态齐全、规模较大；含泥质或其他杂质的碳酸盐类岩层，岩溶发育较弱，结晶颗粒粗大的岩石岩溶发育较为强烈，结晶颗粒细小的岩石，岩溶发育较弱。

（2）岩溶与地质构造的关系

①节理裂隙：节理裂隙的发育程度和延伸方向通常决定了岩溶的发育程度和发展方向。在节理裂隙的交叉处或密集带，岩溶最易发育。

②断层：断裂带是岩溶显著发育地段，常分布有漏斗、竖井、落水洞及溶洞、暗河等。在正断层处岩溶发育较强烈，逆断层处岩溶发育较弱。

③褶皱：褶皱轴部一般岩溶发育较强烈。在单斜地层中，岩溶一般顺层面发育在不对称褶曲中，陡的一翼岩溶较缓的一翼发育强烈。

④岩层产状：倾斜或陡倾斜的岩层，一般岩溶发育较强烈；水平或缓倾斜的岩层，当上覆或下伏非可溶性岩层时，岩溶发育较弱。

⑤可溶性岩与非可溶性岩接触带或不整合面岩溶往往发育。

（3）岩溶和新构造运动的关系

地壳强烈上升地区，岩溶以垂直方向发育为主；地壳相对稳定地区，岩溶以水平方向发育为主；地壳下降地区，既有水平发育又有垂直发育，岩溶发育较为复杂。

（4）岩溶和地形的关系

在地形陡峻、岩石裸露的斜坡上，岩溶多呈溶沟、溶槽、石芽等地表形态；地形平缓地带，岩溶多以漏斗、竖井、落水洞、塌陷注地、溶洞等形态为主。

（5）地表水体同岩层产状关系对岩溶发育的影响

地表水体与岩层反向或斜交时，岩溶易于发育；地表水体与岩层顺向时，岩溶不易发育。

（6）岩溶和气候的关系

在大气降水丰富、气候潮湿地区，地下水能经常得到补给，水的来源充沛，岩溶易发育。

（7）岩溶发育的带状性与成层性

岩石的岩性、裂隙、断层和接触面等一般都有方向性，这造成了岩溶发育的带状性；可溶性岩层与非可溶性岩层互层、地壳强烈的升降运动、水文地质条件的改变等则往往造成岩溶分布的成层性。

岩溶场地可能发生的岩土工程问题有如下几个方面。

①在地基主要受压层范围内，若有土洞、溶洞、暗河等存在，在附加荷载或振动作用下，容易造成溶洞顶板坍塌引起地基突然陷落。

②在地基主要受压层范围内，下部基岩面起伏较大，上部又有软弱土体分布时，易引起地基不均匀下沉。

③覆盖型岩溶区因地下水活动产生的土洞，逐渐发展导致地表塌陷，从而造成对场地和地基稳定的影响。

④在岩溶岩体中开挖地下洞室、隧道时，突然发生大量涌水及洞穴泥石流灾害。

从更广泛的意义上讲，还包括由其特殊性的水库诱发的地震、水库渗漏、矿坑突水、工程中遇到的溶洞稳定等。

2. 非岩溶地面塌陷

非岩溶洞穴产生的塌陷，如采空塌陷、黄土地区黄土陷穴引起的塌陷、玄武岩地区其通道顶板产生的塌陷等，后两者分布较局限。采空塌陷指煤矿及金属矿山的地下采空区顶板塌落塌陷，在我国分布较广泛。

（三）按塌陷坑数量划分

塌陷坑大于 100 个者为巨型塌陷；50~100 个者为大型塌陷；10~50 个者为中型塌陷；小于 10 个者为小型塌陷。

三、地面塌陷的原因

地面塌陷实质上是岩、土体内洞穴的支撑力小于致塌力的结果。主要影响因素有人为因素和自然因素。人为因素包括抽取地下水、坑道排水、突水、地表水和大气降水渗入、荷载及振动等；自然因素包括河流水位升降与地震等。

（一）人工降低地下水位

人工降低地下水位引起的地表塌陷，主要是指矿坑、基坑疏干排水引起的地表塌陷和供水（抽水）引起的地表塌陷。其中，以岩溶塌陷较为常见。岩溶塌陷的分布受岩溶发育规律、发育程度的制约，同时，与地质构造、地形地貌、土层厚度等有关。岩溶塌陷多分布在断裂带及褶皱轴部、溶蚀洼地等地形低洼处、河床两侧及土层较薄且土颗粒较粗的地段。

岩溶洞穴的岩、土体位于地下水中，地下水产生对洞穴顶板的静水浮托力，当抽取地下水使之水位下降时，支撑洞顶岩、土体的浮托力随之降低，即洞穴空腔与松散介质接触上下侧水、气流体，因地下暗管内的水流发生变化而产生压差温差效应，为此，出现了与抽取地下水同步发展的地表塌陷现象。

地面塌陷与地下水水力作用密切相关。当地下水水位降深小时，地面塌陷坑数量少、规模小；当地下水水位降深保持在基岩面以上且较稳定时，不易产生地面塌陷；当地下水水位降深增大，水动力条件急剧改变，水对土体潜蚀力增强时，地面塌陷坑数量增多、规模增大。塌陷区多处于降落漏斗之中，其范围小于降落漏斗区；地面塌陷坑数量和规模随降落漏斗心距离增大而递减，地面塌陷与水力坡度、流速也存在相关关系。地面塌陷与地下水的径流方向也存在一定的关系，主要径流方向上地下水流量丰富，水的流速大，地下水对土体的潜蚀作用强，所以此方向上易产生地面塌陷。

（二）地表水、大气降水的渗入

当地表水、大气降水渗入地下时，水在岩、土体内的孔隙中运动，产生了一种垂向渗透力，改变了岩、土体的力学性质。当渗透压力值达到一定强度时，岩土体结构遭到破坏，随着水流产生流土或管涌运移，进而形成土洞，最后导致地面变形、塌陷。尤其是碳酸盐岩分布的岩溶地区，人为挖掘的场地、机场、道路等降水渗入后产生地表塌陷较为突出。

（三）河水涨落

岩溶裂隙、洞穴管道中的地下水与附近河水相通时，随着河水水位的升降，横向发育的岩溶裂隙、管道中的地下水位也随之升降，这种作用也可导致地面塌陷。

（四）振动

振动可引起砂土液化，土体强度降低、抗塌力减弱，在振动产生的波动、冲击波的破坏作用下，可导致潜伏洞穴的塌陷。

（五）荷载

在有隐伏洞穴部位上存在人为增载（建筑物荷载、人为堆积荷载等）时，当这些外部荷载超过洞穴拱顶的承受能力时，将引起洞穴直接受压破坏，从而致使地面塌陷。

（六）矿山采空

地下采掘活动形成的采空区，使其上方岩、土体失去支撑，导致地面塌陷。这种由于矿山采掘引起地面塌陷的主要原因是人为活动。此类地面塌陷在许多矿区都有发生，并造成相当程度的危害，即损坏交通设施、水利设施、建筑物、道路、农田等，甚至引起山体滑坡和崩塌。

（七）地下洞室及地下线性工程开挖

在城市中，地面以下存在着错综复杂的管线网络，包括输水管道、输电电缆、油气管道，甚至还有 20 世纪 60 年代至 70 年代大量挖掘的防空洞。现如今，大规模的地下空间开发，极大增加了地面塌陷发生的概率，主要表现为以下几个方面。

1. 地铁施工。在进行地铁施工时，必然会扰动原有的地下土层，使地下土体形成疏松带、松散区，最终导致地面塌陷。

2. 防空洞坍塌。20 世纪 60 年代，在"备战、备荒、为人民"的响亮口号下，我国大中城市普遍开展了群众性的"深挖洞"活动。据统计，此阶段全国挖洞的总长度超过了长城的长度，挖掘土石方体积超过了长城的土石方总量，仅北京一地，就留下了 2 万多个大大小小的防空洞，由于缺乏图纸资料，后来的很多居民区都建在了防空洞之上，防空洞的坍塌自然会危及地表。

3. 人工开挖后回填不实。工程建设场地中由于施工后回填不密实，地下松散土体逐渐被流水冲走，也能形成地下空洞甚至地面塌陷。

四、岩溶地面塌陷的危害与防治

岩溶地面塌陷指覆盖在浴蚀洞穴之上的松散土体，在外动力或人为因素作用下产生的突发性地面变形破坏，其结果多形成圆锥形塌陷坑。岩溶地面塌陷是地面变形破坏的主要类型，多发生于碳酸盐岩、钙质碎屑岩和盐岩等可溶性岩石分布地区。激发岩溶地面塌陷的直接诱因除降水、洪水、干旱、地震等自然因素外，往往与抽水、排水、蓄水和其他工程活动等人为因素密切相关。

在各种类型岩溶地面塌陷中，以碳酸盐岩岩溶地面塌陷最为常见。自然条件下产生的岩溶地面塌陷一般规模小、发展速度慢，不会给人类生活带来太大的影响。但在人类工程活动中产生的岩溶地面塌陷不仅规模大、突发性强，且常出现在人口聚集地区，对地面建筑物和人身安全构成严重威胁。

岩溶地面塌陷造成局部地表破坏，是岩溶发育到一定阶段的产物，所以，岩溶地面塌陷也是一种岩溶发育过程中的自然现象，可出现于岩溶发展历史的不同时期，既有古岩溶地面塌陷，也有现代岩溶地面塌陷。岩溶地面塌陷也是一种特殊的水土流失现象，水土通过塌陷向地下流失，影响着地表环境的演变和改造，形成具有鲜明特色的岩溶景观。

（一）岩溶地面塌陷的分布规律

岩溶地面塌陷主要分布于岩溶强烈到中等发育的覆盖型碳酸盐岩地区。全球有 16 个国家存在严重的岩溶地面塌陷问题。中国可溶岩分布面积约为 363 万平方千米，是世界上岩溶地面塌陷范围最广、危害最严重的国家之一。

岩溶地面塌陷的分布规律主要有以下几个方面。

1. 岩溶强烈发育区。中国南方许多岩溶区的资料说明，浅部岩溶越发育，富水性越强，岩溶地面塌陷越多、规模越大。岩溶地面塌陷与岩溶率具有较好的正相关关系。

2. 第四系松散盖层较薄地段。在其他条件相同的情况下，第四系盖层的厚度越大，成岩程度越高，岩溶地面塌陷越不易产生。相反，盖层薄且结构松散的地区，则易形成岩溶地面塌陷。

3. 河床两侧及地形低洼地段。在这些地区，地表水和地下水的水力联系密切，两者之间的相互转化比较频繁，在自然条件下就可能发生潜蚀作用，形成土洞，进而产生岩溶地面塌陷。

4. 降落漏斗中心附近。由采、排地下水而引起的岩溶地面塌陷，绝大部分发生在地下水降落漏斗影响半径范围以内，特别是在降落漏斗中心的附近地区。此外，在地下水的主要径流方向上也极易形成岩溶地面塌陷。

（二）岩溶地面塌陷的成因

岩溶地面塌陷是在特定地质条件下，因某种自然因素或人为因素触发而形成的地质灾害。由于不同地区地质条件相差很大，岩溶地面塌陷形成的主导因素也有所不同。所以，对岩溶地面塌陷成因机制的认识也存在着不同的观点。其中，占主导地位的主要有两种，即地下水潜蚀机制和真空吸蚀机制。还有其他岩溶地面塌陷形成机制。

1. 地下水潜蚀机制

在地下水流作用下，岩溶洞穴中的物质和上覆盖层沉积物产生潜蚀、冲刷和淘空作用，结果导致岩溶洞穴或溶蚀裂隙中的充填物被水流搬运带走，在上覆盖层底部的洞穴或裂隙开口处产生空洞。若地下水位下降，则渗透水压力在覆盖层中产生垂向的渗透潜蚀作用，土洞不断向上扩展最终导致岩溶地面塌陷。

岩溶洞穴或溶蚀裂隙的存在和上覆土层的不稳定性是岩溶地面塌陷产生的物质基础，地下水对土层的侵蚀搬运作用是引起岩溶地面塌陷的动力条件。在自然条件下，地下水对岩溶洞穴或裂隙充填物质和上覆土层的潜蚀作用也是存在的，不过这种作用很慢，且规模一般不大；人为抽采地下水，对岩溶洞穴或裂隙充填物和上覆土层的侵蚀搬运作用大大加强，促进了岩溶地面塌陷的发生和发展。此类塌陷的形成过程大体可分如下四个阶段。

①在抽水、排水过程中，地下水位降低，水对上覆土层的浮托力减小，水力坡度增大，水流速度加快，水的潜蚀作用加强。溶洞充填物在地下水的潜蚀、搬运作用下被带走，松散层底部主体下落、流失而出现拱形崩落，形成隐伏土洞。

②隐伏土洞在地下水持续的动水压力及上覆土体的自重作用下，土体崩落、迁移，洞体不断向上扩展，引起地面沉降。

③地下水不断侵蚀、搬运崩落体，隐伏土洞继续向上扩展。当上覆土体的自重压力逐渐接近洞体的极限抗剪强度时，地面沉降加剧，在张性压力作用下，地面产生开裂。

④当上覆土体自重压力超过了洞体的极限强度时，地面产生塌陷。同时，在其周围伴生有开裂现象。这是因为土体在塌落过程中，不但在垂直方向产生剪切应力，还在水平方向产生张力。

潜蚀致塌论解释了某些岩溶地面塌陷事件的成因。按照该理论，岩溶上方覆盖层中若没有地下水或地面渗水以较大的动水压力向下渗透，就不会产生塌陷。但有时岩溶洞穴上方的松散覆盖层中完全没有渗透水流仍会产生塌陷，说明潜蚀作用还不足以证明所有的岩溶地面塌陷的机制。

2. 真空吸蚀机制

根据气体的体积与压力关系的玻意耳-马里奥特定律，在密封条件下、当温度恒定时，随着气体体积的增大，气体压力不断减小。在相对密封的承压岩溶网络系统中，由于采矿排水、矿井突水或大流量开采地下水，地下水水位大幅度下降。当水位降至较大岩溶空洞覆盖层的底面以下时，岩溶空洞内的地下水面与上覆岩溶洞穴顶板脱开，出现无水充填的岩溶空腔。随着岩溶水水位持续下降，岩溶空洞体积不断增大，空洞中的气体压力不断降低，从而导致岩溶空洞内形成负压。岩溶顶板覆盖层在自身重力及溶洞内真空负压的影响下，向下剥落或塌落，在地表形成岩溶塌陷坑。

3. 其他岩溶地面塌陷形成机制

除上述两种岩溶地面塌陷形成机制外，还有学者提出重力致塌模式、冲爆致塌模式、振动致塌模式和荷载致塌模式等其他岩溶地面塌陷的成因模式。

①重力致塌是指因自身重力作用使岩溶洞穴上覆盖层逐层剥落或者整体下陷而产生岩溶地面塌陷的过程和现象。重力致塌现象主要发生在地下水位埋藏深、溶洞及土洞发育的地区。

②冲爆致塌的形成过程是岩溶通道、空洞及土洞中蓄存的高压气团和水头，随着地下水位上涨压力不断增加；当其压强超过岩溶顶板的极限强度时，就会冲破岩土体发生"爆破"并使岩土体破碎；破碎的岩土体在自身重力和水流的作用下陷入岩溶洞穴，在地面则形成塌陷。冲爆致塌现象常发生于地下暗河的下游。

③振动致塌是指由于振动作用，使岩土体发生破裂、位移和砂土液化等现象，降低了岩土体的机械强度，从而发生岩溶地面塌陷。在岩溶发育地区，地震、爆破或机械振动等经常引发岩溶地面塌陷，如辽宁省营口地震时，孤山乡第四纪松散沉积物覆盖型岩溶区，由于地震引起砂土液化，出现了200多个岩溶塌陷坑。

④荷载致塌是指溶洞或土洞的覆盖层和人为荷载超过了洞顶盖层的强度，压塌洞顶盖层而发生的塌陷过程和现象。例如，水库蓄水，尤其是高坝蓄水，可将库底岩溶洞穴的顶盖压塌，造成库底塌陷，水大量流失。

岩溶地面塌陷实际上常常是在几种因素的共同作用下发生的。例如，洞顶的土层在受到潜蚀作用的同时，往往还受到自身重力的作用。

（三）岩溶地面塌陷的形成条件

1. 可溶岩及岩溶发育的程度

可溶岩的存在是岩溶地面塌陷形成的物质基础。中国发生岩溶地面塌陷的可溶岩主要是古生界、中生界的石灰岩、白云岩、白云质灰岩等碳酸盐岩，部分地区的晚中生界、新生界富含膏盐芒硝或钙质砂泥岩、灰质砾岩及盐岩也发生过小规模的岩溶地面塌陷。大量岩溶地面塌陷事件表明，岩溶地面塌陷主要发生在覆盖型岩溶和裸露型岩溶分布区，部分发生在埋藏型岩溶分布区。

岩溶的发育程度和岩溶洞穴的开启程度是决定岩溶地面塌陷严重程度的直接因素。从岩溶地面塌陷形成机理看，可溶岩洞穴和裂隙一方面造成岩体结构的不完整，形成局部的不稳定；另一方面为容纳陷落物质和地下水的强烈运动提供了充分条件。所以，一般情况下，可溶岩的岩溶发育越强烈，溶隙的开启性越好，溶洞的规模越大，岩溶地面塌陷越严重。

2. 覆盖层厚度、结构和性质

发生于覆盖型岩溶分布区的岩溶地面塌陷与覆盖层岩土体的厚度、结构和性质存在着密切的关系。大量调查统计结果显示，覆盖层厚度小于 10 米发生岩溶地面塌陷的机会最多，覆盖层厚度为 10 米以上只有零星岩溶地面塌陷发生。覆盖层岩性结构对岩溶地面塌陷的影响表现为颗粒均的砂性土最容易产生岩溶地面塌陷；层状非均质土、均一的黏性土等不易落入下伏的岩溶洞穴中。另外，当覆盖层中有土洞时，容易发生岩溶地面塌陷；土洞越发育，岩溶地面塌陷越严重。

3. 地下水运动

强烈的地下水运动，不但促进了可溶岩洞隙的发展，而且是形成岩溶地面塌陷的重要动力因素。地下水运动的作用方式包括：溶蚀作用、浮托作用、侵蚀及潜蚀作用、搬运作用等。所以，岩溶地面塌陷多发育在地下水运动速度快的地区和地下水动力条件发生剧烈变化的时期，如大量开采地下水而形成的降落漏斗地区极易发生岩溶地面塌陷。

4. 动力条件

引起岩溶地面塌陷的动力条件主要是水动力条件，由于水动力条件的改变可使岩土体应力平衡发生改变，从而诱发岩溶地面塌陷。水动力条件发生急剧变化的原因主要有降水、水库蓄水、井下充水、灌溉渗漏及严重干旱、矿井排水或高强度抽水等。除水动力条件外，地震、附加荷载、人为排放的酸碱废液对可溶岩的强烈溶蚀等均可诱发岩溶地面塌陷。

（四）岩溶地面塌陷的危害

岩溶地面塌陷的产生，一方面使岩溶区的工程设施，如工业与民用建筑、城镇设施、道路路基、矿山及水利水电设施等遭到破坏；另一方面造成岩溶区严重的水土流失、自然环境恶化，同时影响各种资源的开发利用。

1. 对矿山的危害

岩溶地面塌陷可成为矿坑充水的诱发型通道，严重威胁矿山开采。例如，淮南谢家集矿区，因矿井疏干排水，河底岩溶盖层很快产生塌陷，河水瞬间灌入地下，岸边的房屋也遭受破坏。湖北武汉武钢集团中南轧钢厂，因附近开采岩溶地下水，在该厂区内发生地面塌陷，形成 5 个陷坑，大者直径达 16～22 米，深 8～10 米，共造成 1 500 吨生产用煤和 600 吨钢坯陷入地下。

2. 对城市建筑的危害

在城市地区，岩溶地面塌陷常常造成建筑物破坏、市政设施损毁。例如，辽宁省海城地区大地震诱发产生了大规模的岩溶地面塌陷，共出现陷坑 200 多处，直径一般为 3～4 米，最大达 10 米，深几米至几十米不等。岩溶地面塌陷破坏了大量耕地，并造成个别民房倒塌。

3. 对道路交通的影响

辽宁省瓦房店三家子岩溶地面塌陷，范围为 1.2 平方千米，共有大小陷坑 25 个，一般坑长 20～40 米、宽 5～35 米。该塌陷使长春—大连铁路约 20 米路基遭到破坏，累计停运 8 小时 5 分钟。一些通信设施及农田被毁，44 间民房开裂，66 眼水井干枯。

4. 对坝体的影响

云南省个旧市云锡公司新冠选矿厂火谷都尾矿坝因岩溶地面塌陷突然发生，坝内 $1.5×10^6$ 立方米泥浆水奔腾而出，冲毁下游农田 5.3 平方千米和部分村庄、公路、桥梁等，造成多人死亡和受伤。

（五）岩溶地面塌陷的防治措施

1. 控水措施

要避免或减少地面塌陷的产生，根本的办法是减少岩溶充填物和第四系松散土层被地下水侵蚀、搬运。

（1）地表水防水措施

在潜在的塌陷区周围修建排水沟，防止地表水进入塌陷区，减少向地下的渗入量。在地势低洼、洪水严重的地区围堤筑坝，防止洪水灌入岩溶孔洞，对塌陷区内严重淤塞的河道进行清理疏通，加速泄流，减少对岩溶水的渗漏补给。对严重漏水的河溪、库塘进行铺底防漏或者人工改道，以减少地表水的渗入，对严重漏水的塌陷洞隙采用黏土或水泥灌注填实，采用混凝土、石灰土、水泥土、氯丁橡胶、玻璃纤维涂料等封闭地面，增强地表土层抗蚀强度，均可有效防止地表水冲刷入渗。

（2）地下水控水措施

根据水资源条件规划地下水开采层位、开采强度和开采时间，合理开采地下水。在浅部岩溶发育并有洞口或裂隙与覆盖层相连通的地区开采地下水时，应主要开采深层地下水，将浅层水封住，这样可以避免岩溶地面塌陷的产生。在矿山疏干排水时，预测可能出现塌陷的地段，对地下岩溶通道进行局部注浆或帷幕灌浆处理，减小矿井外围地段地下水位下降幅度，这样既可避免塌陷的产生，也可减小矿坑涌水量。开采地下水时，要加强动态观测工作，以此用来指导合理开采地下水，避免产生岩溶地面塌陷。必要时进行人工回灌，控制地下水水位的频繁升降，保持岩溶水的承压状态。在地下水主要径流带修建堵水帷幕，减少区域地下水补给。在矿区修建井下防水闸门，建立有效的排水系统，对水量较大的突水点进行注浆封闭，控制矿井突水、溃泥。

2. 工程加固措施

（1）清除填堵法

该方法常用于相对较浅的塌坑或埋藏浅的土洞。首先清除其中的松土，填入块石、碎石形成反滤层，其上覆盖以黏土并夯实。对于重要建筑物，一般需要将坑底与基岩面的通道堵塞，可先开挖然后回填混凝土或设置钢筋混凝土板，也可进行灌浆处理。

（2）跨越法

用于比较深大的塌陷坑或土洞。对于大的塌陷坑，当开挖回填有困难时，一般采用梁板跨越，两端支承在坚固岩、土体上的方法。对建筑物地基而言，可采用梁式基础、拱形结构，或以刚性大的平板基础跨越、遮盖溶洞，避免塌陷危害。对道路路基而言，可选择塌陷坑直径较小的部位，采用整体网格垫层的措施进行整治。若覆盖层塌陷的周围基岩稳定性良好，也可采用桩基栈桥方式使道路通过。

（3）钻孔充气法

随着地下水位的升降，溶洞空腔中的水气压力产生变化、可能出现气爆或冲爆塌陷，所以，在查明地下岩溶通道的情况下，将钻孔深入基岩面下溶蚀裂隙或溶洞的适当深度，设置各种岩溶管道的通气调压装置，从而破坏真空腔的岩溶封闭条件，平衡其水、气压力，减少发生冲爆塌陷的机会。

（4）灌注填充法

在溶洞埋藏较深时，通过钻孔灌注水泥砂浆，填充岩溶孔洞或缝隙、隔断地下水流通道，达到加固建筑物地基的目的。灌注材料主要是水泥、碎料（砂、矿渣等）和速凝剂（水玻璃、氧化钙）等。

（5）深基础法

对于一些深度较大，跨越结构无能为力的土洞，通常采用桩基工程，将荷载传递到基岩上。

（6）旋喷加固法

在浅部用旋喷桩形成一"硬壳层"，在其上再设置筏形基础，"硬壳层"厚度根据具体地质条件和建筑物的设计而定，一般为 1～10 米即可。

3. 非工程性的防治措施

（1）开展岩溶地面塌陷风险评价

目前，岩溶地面塌陷评价只局限于根据其主要影响因素和由模型试验获得的临界条件进行潜在塌陷危险性分区，这对岩溶地面塌陷防治决策而言是远远不够的。所以，在岩溶地面塌陷评价中，须开展环境地质学、土木工程学、地理学、城市规划、经济学、管理学等多领域、多学科协作，对潜在塌陷的危险性、生态系统的敏感性、经济与社会结构的脆弱性进行综合分析，才能达到对岩溶地面塌陷进行风险评价的目的。

（2）开展岩溶地面塌陷试验研究

开展室内模拟试验，确定在不同条件下岩溶地面塌陷发育的机理、主要影响因素及塌陷发育的临界条件，进一步揭示岩溶地面塌陷发育的内在规律，为岩溶地面塌陷防治提供理论依据。

（3）增强防灾意识，建立防灾体系

广泛宣传岩溶地面塌陷灾害给人民生命财产带来的危害和损失，加强岩溶地面塌陷成因和发展趋势的科普宣传。在国土规划、城市建设和资源开发之前，要充分论证工程地质环境效应，预防人为地质灾害的发生。建立防治岩溶地面塌陷灾害的信息系统和决策系统。在此基础上，按轻重缓急对岩溶地面塌陷灾害开展分级、分期的整治计划。与此同时，充分运用现代科学技术手段，积极推广岩溶地面塌陷灾害综合勘察、评价、预测预报和防治的新技术与新方法，逐步建立岩溶地面塌陷灾害的评估体系及监测预报网络。

五、采空区地面塌陷

（一）采空区的定义

地下矿层采空后形成的空间称为采空区。当其上部岩层失去支撑，平衡条件被破坏，随之产生弯曲、塌落，以致发展到地表移动变形，导致地表各类建筑物变形破坏，甚至倒塌，则称为采空区地面塌陷。

采空区分为老采空区、现采空区、未来采空区三类。老采空区是指历史上已经开采的采空区，现已停止开采；现采空区是指正在开采的采空区；未来采空区是指计划开采而尚未开采的采空区。

（二）地下开采引起的岩层移动

局部矿体被采出后，在岩体内部形成一个空洞，其周围原有的应力平衡状态受到破坏，引起应力的重新分布，直至达到新的平衡，即岩层产生移动和破坏，这一过程和现象称为岩层移动。

1. 岩层移动形式

岩层移动主要有以下形式。

①弯曲。

②岩层的垮落（或称冒落）。

③煤的挤出（又称片帮）。

④岩石沿层面的滑移。

⑤垮落岩石的下滑（或滚动）。

⑥底板岩层的隆起。

以上6种岩层移动形式不一定同时出现在某一个具体的移动过程中。

2. 移动稳定后采动岩层内的三带

矿层采空后，顶板岩层的移动变形因岩层性质和开采条件不同，变形的表现形式、分布状态和程度也就不同，对水平及缓倾斜矿层一般可将其垂直方向的变形分为冒落带、裂隙带、弯曲带三带。

上述三带并没有明显的分界线，相邻两带之间一般是渐变过渡，也不是所有采空区都形成上述三带。

（三）地下开采引起的地表移动与破坏

1. 地表移动与破坏的主要形式

当采空区扩大到一定范围后，岩层移动发展到地表，使地表产生移动与变形。在采深和采厚的比值较大时，地表的移动与变形在空间和时间上是连续的、渐变的，分布有一定的规律性，这种情况称为连续的地表移动。当采深和采厚的比值较小（一般小于3）或具有较大的地质构造时，地表的移动与变形在空间和时间上将是不连续的，移动与变形的分布没有严格的规律性，地表可能出现较大的裂缝或塌陷坑，这种情况称为非连续的地表移动。

地表移动与破坏的形式，归纳起来有下列几种。

①地表移动盆地。

②裂缝。

③台阶状塌陷盆地。

④塌陷坑。

2. 地表移动盆地的特征

（1）在移动盆地内，各个部分的移动和变形性质及大小不尽相同，在采空区上方地表平坦，达到充分采动、采动影响范围内没有大的地质构造条件下，最终形成的静态地表移动盆地可划分为3个区域。

①移动盆地的中间区域（又称中性区域）：移动盆地的中间区域位于盆地的中央部位。在此范围内，地表下沉均匀，地表下沉值达到该地质采矿条件下应有的最大值，其他移动和变形值近似于零，一般不出现明显裂缝。

②移动盆地的内边缘区（又称压缩区域）：移动盆地的内边缘区一般位于采空区边界附近到最大下沉点之间。在此区域内，地表下沉值不等，地面移动向盆地的中心方向倾斜，呈凹形，产生压缩变形，一般不出现裂缝。

③移动盆地的外边缘区（又称拉伸区域）：移动盆地的外边缘区位于采空区边界到盆地边界之间。在此区域内，地表下沉不均匀，地面移动向盆地中心方向倾斜，呈凸形，产生拉伸变形。当拉伸变形超过一定数值后，地面将产生拉伸裂缝。

应当指出，在地表刚达到充分采动或非充分条件下，地表移动盆地内不出现中间区域。

（2）开采水平矿层、缓倾斜（倾角 $\alpha < 15°$）矿层时，地表移动盆地有下列特征：

①地表移动盆地位于采空区的正上方。地表移动盆地的中心（最大下沉点所在的位置）和采空区中心一致，最大下沉点和采空区中心点的连线与水平线夹角（最大下沉角）为90°，地表移动盆地的平底部分位于采空区中部的正上方。

②地表移动盆地的形状与采空区对称，如果采空区的形状为矩形，则地表移动盆地的平面形状为椭圆形。

③地表移动盆地内外边缘区的分界点（移动盆地区拐点），大致位于采空区边界的正上方或略有偏离。

（3）开采倾斜（倾角 α 为 15°~55°）矿层时，地表移动盆地有下列特征。

①在倾斜方向上，地表移动盆地的中心（最大下沉点处）偏向采空区的下山方向，和采空区中心不重合。最大下沉点同采空区几何中心的连线与水平线在下山一侧夹角（最大下沉角）小于 90°。

②地表移动盆地与采空区的相对位置，在走向方向上对称于倾斜中心线，而在倾斜方向上不对称，矿层倾角越大，这种不对称性越加明显。

③地表移动盆地的上山方向较陡，移动范围较小；下山方向较缓，移动范围较大。

④采空区上山边界上方地表移动盆地拐点偏向采空区内侧，采空区下山边界上方地表移动盆地拐点偏向采空区外侧。

拐点偏离的位置大小与矿层倾角和上覆岩层的性质有关。

（4）开采急倾斜（倾角 $\alpha > 55°$）矿层时，地表移动盆地有下列特征：

①地表移动盆地形状的不对称性更加明显。工作面下边界上方地表的开采影响达到开采范围以外很远；上边界上方开采影响则达到矿层底板岩层。整个地表移动盆地明显地偏向矿层下山方向。

②最大下沉值不出现在采空区中心正上方，而向采空区下边界方向偏移。

③地表的最大水平移动值大于最大下沉值，最大下沉角小于 90°。

④急倾斜矿层开采时，不出现充分采动的情况。

3. 地表移动盆地边界确定

（1）地表移动盆地的三个边界

①地表移动盆地的最外边界：地表受开采影响的边界线，目前一般以下沉的点作为圈定移动盆地最外边界的依据。

②地表移动盆地的危险移动边界：以盆地内的地表移动与变形对建筑物有无危害而划分的边界。

③地表移动盆地的裂缝边界：根据地表移动盆地内最外侧裂缝圈定的边界。

（2）圈定边界的角值参数

通常用角值参数圈定地表移动盆地边界。角值参数主要是边界角、移动角、裂缝角和松散层移动角。

（四）采空区地面塌陷的防治措施

1. 预防采空区地面塌陷的技术工艺措施

①矿井充填，减小地表下沉量。对采空区进行充填，是预防采空区地面塌陷的一项重要措施。

主要方法有：用煤矸石或过火矸充填采空区，把白矸留在井下用洗矸回填采空区，用粉煤灰充填，对中厚煤层的采空区进行水砂充填，即用过火矸、粉煤灰加适量絮凝剂作为矿井充填材料，只要粗细颗粒搭配适当，就能降低孔隙度、提高强度。

②减少开采厚度或采用条带法开采，控制地表变形值不超过对建筑物的容许极限值。

③增大采空区宽度，使地表下沉缓慢，从而使地表移动充分，建筑物很快处于盆地中部的均匀下沉区。

④均匀控制开采推进速度，避免工作面长期停在建筑物下方，合理进行协调开采。

2. 在建筑物设计方面的防治措施

①在矿区进行建筑工程设计时建筑物长轴应垂直于工作面方向，目的是发生采空塌陷时，地基变形较同步，减少建筑物的破坏程度。为防止塌陷发生时地基应力状态的改变而使沉降不均，须使建筑物平面形态力求简单，以矩形为宜。基础底部应位于同一标高和岩性均一的地层上，否则应用沉降缝将基础分开。当基础埋深有变化时，要采用台阶，尽量不采用柱廊和独立柱。

②小窑采空塌陷地表裂缝地段属不稳定地段，建筑物应避开，要有一定的安全距离。安全距离的大小以建筑物的性质而定，一般应大于 15 米。

3. 土地整治

平原地区人口众多，土地短缺问题极为突出，而地面塌陷又对耕地造成较大破坏，这就更加剧了人地之间的矛盾，所以对塌陷区土地进行复垦整治就成为地面塌陷治理的主要任务。根据多年的土地整治实践，可以采用以下 4 个方法进行土地整治。

（1）疏干法

该方法应用于潜水位不太高、地表下沉不大，且正常的排水措施和地表整修工程能保证土地的恢复利用，所以这种方法多用在低潜水位地区。它的优点是工程量小、投资少、见效快，且不改变土地原用途，但须对配套的水利设施进行长期有效的管理，以防洪涝，保证塌陷地的持续利用。由于这种方法应用条件局限性大，所以仅适用于少量的采煤塌陷地的缓坡地段。河南神火集团有限公司土地复垦实践证明，对于地下浅水位相对较低，地面倾角小，易发生季节性积水的塌陷地，通过开挖沟渠，形成有效水利系统，可将塌陷地复垦成良田。

（2）挖深垫浅法

这种方法就是用挖掘机械（如推土机、水力挖塘机组）将塌陷深的区域再挖深，形成水（鱼）塘，取出的土方充填塌陷浅的区域，从而形成耕地，达到水产养殖和农业种植并举的利用目标。它主要用于塌陷较深、有积水的高、中潜水位地区，还应满足挖出的土方量大于或等于充填所需土方量且水质适宜于水产养殖。由于这种方法操作简单、适用面广、经济效益高、生态效益显著，所以被广泛用于采煤塌陷地的复垦。

（3）充填复垦

这种方法已在我国不少地方进行了实践，如抚顺矿务局用露天矿剥离物充填塌陷地，淮北岱河、朔里煤矿用煤矸石充填塌陷地，淮北相城矿用粉煤灰充填塌陷地。该方法多用于有足够的充填材料且充填材料无污染或污染可经有效防治的地区。该方法有一定的局限性，且可能造成二次污染，但这种方法既解决了塌陷地复垦，又解决了矿山固体废弃物的处理，所以，其经济效益最佳。但前提是充填物易获取且无污染。

（4）直接利用法

对于大面积的塌陷地，特别在大面积积水或积水很深的水域及未稳定塌陷地或暂难复垦的塌陷地，常根据塌陷地现状因地制宜地直接加以利用，如网箱养鱼、养鸭、种植浅水藕或耐湿作物等。

六、土洞塌陷

土洞塌陷是在有覆盖层的岩溶发育区，在特定的水文地质条件下使岩面以上的土体遭到流失迁移而形成土中的洞穴和洞内塌落堆积物及引发地面变形破坏的总称。土洞是岩溶的一种特殊形态，是岩溶范畴内的一种不良地质现象，由于其发育速度快、分布密，对工程的影响远大于岩洞土洞，继续发展，易形成地表塌陷。

（一）土洞塌陷的成因

形成土洞塌陷的原因很多，如潜蚀作用、真空吸蚀效应、压强差效应、浮力效应、土体强度效应、振动、荷载等，目前认识尚不一致。由于当地条件不同，因此产生土洞塌陷的原因也不同，可能是以一种原因为主导、多种因素综合作用的结果。

1. 潜蚀作用

在覆盖型岩溶区，下伏存在溶蚀空洞，地下水经覆盖层向空洞渗流（或地下水位下降时，水力梯度增大），在一定的水压力作用下，地下水对土体或空隙中的填充物进行冲蚀、淘空，从而在洞体顶板处的土体开始形成土洞，随着土洞的不断扩大，最终引发土洞顶塌落。当土层较厚或有一定深度时，可以形成塌落拱而维持上覆土层的整体稳定；当土层较薄时，土洞不能形成平衡，于是导致土洞塌陷。

2. 真空吸蚀效应

岩溶网络的封闭空腔（溶洞或土洞）中，当地下水位大幅度下降到封闭空腔盖层底面下时，地下水由承压转为无压，封闭空腔上部便形成低气压状态的真空，产生抽吸力，通过吸盘吸蚀作用、封闭空腔吸蚀作用、潴吸漏斗吸蚀作用来吸蚀顶板的土颗粒。同时由于内外压作用，覆盖层表面出现一种"冲压"作用，从而加速土体破坏。

不过，自然地质环境中，很难具备密封的岩溶空腔条件。真空吸蚀的极限是一个大气压，真空吸蚀力不大；一旦土洞塌陷发生，封闭状态破坏，在塌陷发生的中后期，则不可能连续发生土洞塌陷，这与许多土洞塌陷案例不符；一旦发生潴吸漏斗吸蚀作用，则不存在真空吸蚀，因为此时盖层已破坏；真空吸蚀同样难以解释同步土洞塌陷。所以，真空吸蚀效应还须继续探讨。

3. 压强差效应

压强差是指岩溶空腔与松散介质（或土洞）接触面上下侧水、气流体，因岩溶管道水位变化而产生相应的压强差值，从而导致土洞塌陷。

4. 自重效应

雨水入渗后，盖层饱和重量比干重量一般增加 30%～40%，使土拱承受更大的重力，从而导致土洞塌陷。

5. 浮力效应

当岩土体位于地下水位之中，在地下水位下降时，除产生压强差效应外，岩土体的浮托力也随之减小，从而导致土洞塌陷。

6. 土体强度效应

土体吸水饱和后，土体抗剪强度降低，土拱抗塌力减小，产生塌陷。

除以上几点外，振动、荷载等因素也易致土洞塌陷。

（二）土洞的成因分类与发育规律

1. 土洞的成因分类

（1）地表水形成的土洞

在地下水深埋于基岩面以下的岩溶发育地区，地表水沿上覆土层中的裂隙、生物孔洞、石芽边缘等通道渗入地下，对土体起着冲蚀、淘空作用，逐渐形成土洞。

（2）地下水形成的土洞

当地下水位在上覆土层与下伏基岩交界面处频繁升降变化时，当地下水位上升到高于基岩面时，土体被水浸泡，便逐渐湿化、崩解，形成松软土带；当地下水位下降到低于基岩面时，水对松软土产生潜蚀、搬运作用，在岩土交界处易形成土洞。

2. 土洞的发育规律

（1）土洞与下伏基岩中岩溶发育的关系

土洞是岩溶作用的产物，它的分布同样受岩溶发育的岩性、岩溶水和地质构造等因素的控制。土洞发育区通常是岩溶发育区。

（2）土洞与土质、土层厚度的关系

土洞多发育在黏性土中。黏性土中亲水、易湿化、崩解的土层，抗冲蚀力弱的松软土层易产生土洞；土层越厚，出现土洞塌陷现象的时间越长。

（3）土洞与地下水的关系

由地下水形成的土洞大部分分布在高水位与平水位之间，在高水位以上和低水位以下，土洞少见。

（三）土洞的形成过程

1. 当地下水动力条件改变时，原来被堵塞的洞隙及与其相连的下部排水通道复活，重新成为地下水集中活动的地段。

2. 地下水位上升，抗水性差的土强烈崩解，一部分顺喇叭口落入下部溶洞中，初步形成上覆土层中的土洞。

3. 土颗粒沿岩溶洞隙继续被地下水带走，上覆土中空洞逐渐扩大，向上呈拱形发展。

4. 土洞进一步扩大，向地表发展，顶板渐薄，当拱顶薄到不能支持上部土的重力时，便突然发生塌落。

5. 坍塌后，地面成为地表径流汇集的场所，大量堆积物日益聚集，使底部逐渐接近碟形洼地。其后杂草丛生，久而久之，地表夷平而无法辨认，土洞便暂时停止发展。

在土洞形成过程中，堆积在洞底的塌落土体有时不能被水带走，从而起堵塞通道的作用。若潜蚀大于堵塞，土洞将继续发展；反之，土洞将停止发展。所以，并不是所有的土洞都能发展到地表塌陷。

（四）土洞地基稳定性评价和地基处理措施

1. 土洞地基稳定性评价

（1）当场地存在下列情况之一时，可判定为未经处理不宜作为地基的地段。

①埋藏有漏斗、槽谷等，并覆盖有软弱土体的地段。

②土洞或塌陷成群发育地段。

③岩溶水排泄不畅，可能暂时淹没的地段。

（2）有地下水强烈活动于岩土交界面的岩溶地区，应考虑由地下水作用所形成的土洞对建筑地基的影响，并预估地下水位在建筑使用期间变化的可能性及影响。

2. 地基处理措施

（1）由地表水形成的土洞或塌陷地段，应采取地表截流、防渗或堵漏等措施；对土洞应根据其埋深分别选用挖填、灌砂等方法处理。

（2）由地下水形成的塌陷土洞或浅埋土洞，应清除软土，抛填块石做反滤层，面层用黏土夯填；对深埋土洞，宜用砂、砾石或细石混凝土灌填。在进行上述处理的同时，应采用梁、板或拱跨越。对重要建筑物，可采用桩基处理。

第二章　泥石流灾害及防治

第一节　泥石流的灾害方式与类型

一、泥石流的危害方式

泥石流的危害方式，包括接触式危害和非接触式危害两大类。

（一）接触式危害

泥石流的接触式危害是指泥石流与受害体直接接触所造成的危害，包括泥石流的冲击、冲刷、淤埋和堵塞造成的各类危害。

1. 冲击危害

泥石流的冲击危害是泥石流及其所携带的大块石直接碰撞或撞击流经道路上的建（构）筑物所造成的危害。泥石流往往造成铁路、公路路基，桥梁、涵洞，引水渠道、渡槽、挡坝，房屋和其他建筑物的毁坏或损坏。泥石流冲击力巨大，因此造成的冲击危害十分严重，必须引起人们的高度重视。泥石流的冲击危害主要发生在泥石流的流通区段和形成区段。

2. 冲刷危害

泥石流的冲刷危害是泥石流的强烈震动和巨大的携带泥沙的能力造成对沟底、沟岸和沟源剧烈淘刷，致使建（构）筑物、农田与环境所遭受的危害。

（1）沟底冲刷（下切侵蚀）的危害

1981 年，四川境内成昆铁路上疙瘩大桥沟和上疙瘩中桥沟暴发泥石流时，一次下切深度达 7~13 米，致使桥台和桥墩基础暴露，给大桥的安全带来严重威胁；莲地隧道顶部 6 号沟（迤布苦沟）暴发泥石流时，一次下切深度达 13 米，若按此冲刷速度发展，隧道也可能被切穿，因此必须加以整治。

（2）沟岸冲刷（侧蚀）的危害

泥石流沟谷往往形成宽浅型河床，不仅游荡性强，而且曲流发育，因此泥石流对弯道凹岸的侧方侵蚀作用十分强烈。当弯道凹岸有足够超高时，泥石流通过淘刷可能摧毁护岸、护堤和岸上建筑物。

（3）沟源冲刷（溯源侵蚀）的危害

沟源冲刷往往以沟底冲刷为先导，当沟底冲刷强烈进行时，沟源因水力侵蚀和重力侵蚀作用不断加强而不断向分水岭后退，造成泥石流的强烈冲刷。由于沟源十分陡峻，往往建筑物较少，对建筑物的破坏相对较小，但重力侵蚀的发展，不仅会给泥石流提供更多的松散碎屑物质，使泥石流规模和破坏能力加大，而且也会导致沟源生态环境的严重破坏。

泥石流的冲刷危害主要发生在泥石流的形成区和形成流通区。

3. 淤积（埋）危害

淤积（埋）危害是泥石流遇阻后发生堆积，在堆积过程中埋没建（构）筑物、房屋、农田等所造成的危害。遭泥石流淤积（埋）危害最严重的主要为交通干线、车站、房屋和农田等。泥石流埋没农田和农田水利设施的事件极为普遍，几乎每场泥石流，甚至每条泥石流沟暴发泥石流时都有发生，少则不足一公顷，多则成百上千公顷。泥石流的淤积（埋）危害，主要发生在泥石流沟的宽谷段和主河宽谷段的泥石流堆积区。

4. 堵塞危害

泥石流的堵塞危害是指泥石流堆积物堵塞主河或堵塞自身流动通道所造成的危害，大致有下列数种。

（1）堵塞桥涵的危害

铁路、公路通过泥石流沟时，往往设桥或设涵通过。当泥石流含有粗大石块或规模较大时，受通过能力限制，往往在桥、涵处发生堆积，堵塞桥孔与涵洞，导致泥石流漫上桥、涵与路基，淤埋铁路、公路，造成断道而中断行车，甚至造成桥、涵和路基的毁坏。泥石流堵塞桥涵的危害，一般发生在泥石流的堆积区。

（2）堵塞自身通道的危害

泥石流沟谷下游，尤其是山口外的主河谷地，地势相对平坦、开阔，沟道具有游荡性。泥石流流经这一区域时，往往能量消耗甚大而部分发生堆积。堆积体一旦堵塞原来的通道，后续流便改变方向，流入新的通道继续前进。泥石流改道会给下游造成重大灾害。泥石流堵塞自身通道而改道造成的危害，通常发生在主河宽谷段。

（3）堵塞江河的危害

泥石流堵塞江河的危害是指泥石流堆积体堵塞或堵断主河所造成的危害。泥石流堵塞主河的危害是严重的，在堵塞过程中，往往严重摧毁沟口的村庄、农田和其他设施，甚至对岸也难幸免；堵塞或堵断江河后，通常转化为其他灾害，继续造成严重危害。泥石流堵塞主河的危害，一般发生在主河峡谷段。

（二）非接触式危害

泥石流的危害方式虽然以接触式危害为主，但也伴随有一定的非接触式危害。由于泥石流流动快速，尤其是滑坡或冰崩雪崩与冰湖溃决转化或导致的泥石流，能量巨大，流速可达每秒数十米，其掀起的流动快速的巨大气浪，可导致岸上的房屋、电杆、树木和农作物的严重破坏。

二、泥石流的危害类型

泥石流的危害类型，可分为直接危害和间接危害两类。

（一）直接危害

泥石流的直接危害，是受害体直接遭到泥石流冲击、冲刷、淤埋和堵塞造成的接触式危害和泥石流掀起的巨大气浪所造成的非接触式危害等，是可用死亡人数和经济损失计算出来的危害。由于泥石流的直接危害，由泥石流的破坏作用直接造成，这里不再赘述。

（二）间接危害

泥石流的间接危害，通常可分为两种：一种是受泥石流直接危害制约而外延的危害；一种是泥石流转化为其他灾害类型，由其他灾害类型所造成的危害。泥石流的间接危害十分广泛而严重，其所造成的经济损失远远超过直接危害。

1. 泥石流直接危害外延的间接危害

受泥石流直接危害制约而外延的间接危害主要有下列几种。

（1）冲埋交通干线

泥石流冲毁或淤埋铁路、公路的外延危害，包括中断行车给运营部门造成的收益的减少；物资不能及时运到急需的部门和单位而造成停工停产所形成的损失；由于交通不便、物资不畅给区域经济带来的损失等。可见泥石流冲毁或淤埋交通干线造成的间接危害是巨大的。

（2）冲埋工矿企业

泥石流冲毁或淤埋工矿企业，往往导致这些企业停工停产，因此其外延危害应包括受害工矿企业停工停产所造成的损失；急需这些工矿企业所产产品的相关部门和单位因生产设备或原材料不足，导致停工停产而收益下降，甚至大幅下降所造成的损失；工矿企业及相关企业产品减少和收益下降，导致人民群众生产生活物资匮乏和国家税收减少，给国家和人民群众造成的损失等。

（3）冲埋村庄、农田和农田水利设施

泥石流冲毁或淤埋村庄，造成灾民无家可归。这不仅给灾民造成经济和生活上的困难，也造成精神上的冲击，从而严重影响其建设家园、发展经济的积极性，若处理不当，还可能影响社会的安定；耕地被冲毁或淤埋后，往往一部分不能复耕，一部分难于复耕，致使灾民失去了耕作的舞台、生活的源泉；农田水利设施遭冲毁或淤埋后，导致水浇地失去灌溉，农作物严重减产等。

由上述可见，泥石流直接危害所产生的外延危害，不仅是十分广泛的，也是相当严重的，所造成的经济损失，有的虽然难于用具体数据来度量，但远远超过直接经济损失，这一点是毋庸置疑的。

2. 泥石流转化为其他灾种的危害

泥石流在外部条件改变的作用下，可转化为其他灾种。这些灾种所造成的危害，也应为泥石流的间接危害。

（1）转化为山洪（挟沙山洪或高含沙山洪）

泥石流出山口后，大量固相物质发生堆积形成堆积扇（锥），其中一部分细粒物质随水进入主河，形成高含沙山洪或挟沙山洪。由于主河平缓、开阔，高含沙山洪或挟沙山洪中的一部分固相物质发生堆积。经过长期积累，主河被抬高，往往由窄深型河床转变为宽浅型河床，有的河床甚至高出两岸地面，形成悬河，不仅失去了泛舟之便，而且一遇暴雨便造成洪水泛滥，给两岸农田、村庄、城镇和铁路、公路及其他设施造成极为严重的危害。泥石流转化为山洪的危害，在世界各地和中国山区的泥石流多发区都能找到实例，而且是屡见不鲜的。

（2）堵塞转化成其他灾种

泥石流堵塞江河，可分堵塞和堵断两种情况，堵塞程度不同，所转化成的灾种和成灾程度也不同。

①堵塞江河转化为淘刷河岸的危害

泥石流堵塞江河是指泥石流进入主河后形成堆积扇，占据河槽的一部分或大部分这一现象。泥石流堵塞江河后，压缩河床，迫使江河主流偏向对岸，造成主流对对岸的强烈淘挖和冲刷，导致河岸坠落和坍塌，给岸上农田、农田水利设施、交通线路、通信设施和房屋等造成严重危害；堵塞体使江河河槽变窄、流速加快，形成急流险滩，使许多本来可以通航的河流失去通航能力，从而给人类社会造成危害。

②堵断江河转化为其他灾种的危害

泥石流堵断江河，往往在堵塞体上游形成涝灾，堵塞体溃决形成洪灾。

A. 泥石流堵断江河阻水成湖的危害

泥石流堵断江河形成天然坝，阻水成湖，淹没上游铁路、公路、村庄、农田和其他设施造成严重的涝灾。

B. 堵塞体溃决的危害

堵塞主河的天然坝，由于结构松散，在上游水位升高后渗水严重，在水的动、静压力作用下，或在溢坝水流和渗透水流的共同作用下极易溃决。天然坝一旦溃决，往往形成高含沙山洪或稀性泥石流。由于溃决流体规模大、流速快，天然坝上游水位迅速降低，造成河岸坍塌，对公路、铁路、房屋和农田等造成危害；溃决体下游河水猛涨，水位抬高，也导致河岸坍塌，给岸边农田、房屋、铁路、公路等造成严重危害。

泥石流堵塞江河转化成其他灾种的危害，主要发生在江河的峡谷段，但规模大的泥石流也能在宽谷段造成对主河的堵塞，如流域面积达 432 平方千米的甘肃武都白峪河泥石流曾堵断过嘉陵江的一级支流白龙江就是一例。

由上述分析可见，泥石流堵塞江河转化为其他灾种所造成的危害是严重的，应引起人们的高度重视。

第二节　泥石流灾害的对象与特征

泥石流的危害对象众多、特征显著，下面进行简要介绍。

一、泥石流的危害对象

凡是处于泥石流流通道路、堆积区域和影响范围内的人类辛勤劳作所积累的劳动成果和与人类协调发展的自然（含生态）环境，甚至人类自身都是泥石流的危害对象。可见泥石流的危害对象是众多的，是各种各样的。

（一）危害农田、农田基本设施和房屋与村庄

泥石流对农田、农田基本设施和房屋与村庄的危害是十分严重的。

1. 危害农田

泥石流危害农田的事件屡见不鲜，几乎每场泥石流，甚至每条沟暴发泥石流都会对农田造成危害。泥石流对农田的危害，包括直接冲毁或淤埋农田的危害和造成主河淤积导致的山洪对两岸农田的危害。

2. 危害农田基本设施

泥石流对农田基本设施的危害，主要表现为对农用水库、小型水电站、水渠、护堤、机电提灌设施和其他储、蓄水设备的危害。

泥石流冲毁小型水库的事件，在中国时有发生。泥石流冲毁或淤埋水渠的危害，比比皆是，凡是穿越泥石流沟的水渠，常常不是被冲毁便是被淤埋。四川省凉山州的泸沽渠等灌溉着安宁河左岸大片良田，是重要的灌渠，由于泥石流危害严重，在通过泥石流沟时，往往采用倒虹吸技术，以暗渠形式通过，保障渠道不受泥石流危害。

护堤和护岸工程通常是保护农田的重要基础设施，但往往遭受泥石流的严重危害。1987 年和 1989 年，辽宁省岫岩满族自治县两次以泥石流为主的山地灾害，冲毁堤防 428 千米、护坡 207 千米、护岸林 125 千米；1977 年和 1979 年，辽宁省宽甸满族自治县中部和东南部的两次大规模泥石流，将近 30 年修建的防洪堤坝、灌溉渠系几乎全部摧毁。

小型水电站不仅解决农村居民的照明，而且是建设基本农田、发展灌溉农业和农副产品加工业的重要而廉价的电源。四川省攀西地区水电资源十分丰富，修建有大量为农村和农业服务的小型水电站，在为农村和农业服务中做出了重要贡献，但其中不少遭受泥石流的严重危害。

山区机电提灌设备和小型储水设施（含大口井、储水池等）是发展山区农业的重要设施，在泥石流多发区，这些设施也常遭泥石流危害。

3. 危害房屋和村庄

泥石流危害房屋和村庄的事件，屡见不鲜，几乎每年都有发生。据调查，160 多年前，云南小江流域大白泥沟沟口有个 100 多户人家的名叫"溜落"的村庄，依山傍水，景色秀丽，层层梯田，阡陌相连，还有榨糖、水碾、盐井等作坊，小白泥沟下方也是一个郁郁葱葱、一派生机的山庄，后因泥石流频繁暴发，导致两村被泥石流堆积物所吞噬；100 多年前，在大桥河现泥石流堆积扇部位，分布有深沟村、瓦房子村、段家村和鲁家村等 9 个村庄，48 盘榨糖的作坊，集镇上有仓房和客站，曾是昭通、巧家和昆明的交通要道和物资集散地，后来由于泥石流不断发生发展，形成一个 2 平方千米以上的大沙坝，将这些村庄埋没。

由上可见，泥石流对农田、农田基本设施和房屋与村庄的危害是十分严重的。农田是农村居民耕作的舞台和生活的主要来源，农田基本设施是农村发展农业和经济的必要的基本条件，房屋和村庄是农村居民休养生息的场所。泥石流危害农田、农田基本设施和房屋与村庄，就是危害农村居民赖以生存的基本条件，因此应给予高度重视。

（二）危害工矿企业和水利水电事业

泥石流危害工矿企业和水利水电事业的事件，在各国山区都有发生，中国山区更为严重，下面分别予以分析。

1. 泥石流危害工矿企业

在山区泥石流对工矿企业的危害是十分严重的。1994 年 7 月 11 日，陕西省潼关县与河南省灵宝市的界沟西峪沟，在暴雨作用下，采矿废石和尾矿被启动形成泥石流，流量达 2 000 米/秒，奔腾咆哮的泥石流以迅雷不及掩耳之势，摧毁住着正处于酣睡中的民工的工棚，造成 51 人死亡、数百失踪、直接经济损失 5 亿~6 亿元的特大灾害。北京山区也有多处采矿弃渣形成的泥石流。中国山区泥石流危害工矿企业的事件每年都有发生，少则数起，多则数十起。

工矿企业是人口和经济高度集中的区域，是国家和当地发展经济、提高人民生活水平的支柱，工矿企业受危害，不仅给工矿企业本身造成危害，也严重制约辐射区的经济发展，应引起这些企业、当地政府和人民群众的高度重视。

2. 危害水利水电事业

泥石流对水利和水电事业的危害是严重的，下面分别进行分析。

（1）泥石流对水利事业的危害

泥石流对水利事业的危害是指对大中型及以上水库和引水渠道的危害，目前表现较为突出的，主要是对大中型及以上水库的危害。泥石流对大中型及以上水库的危害，主要表现在以下两个方面：

一是泥沙输入水库，减少可调控水源。如北京密云水库和北京与河北间的官厅水库，是两座特大型水库，是北京市（也曾是天津市）的饮用水、生活用水、工业用水和环保用水的水源地，但由于汇入两水库的河流流域内泥石流活动强烈，每年都有泥石流暴发，致使大量泥沙通过河流输入水库，导致水库库容缩小。

二是泥石流把大量有机物质、污染物质和动植物残体、残骸等输入水库，降低水库水质。1989 年 7 月 28 日和 1991 年 6 月 10 日，白河流域和白马关河流域大范围发生泥石流，把大量污染物质通过主河送入密云水库，致使水库蓄水的浑浊度、悬浮物含量、氨氮含量、化学耗氧量和生物耗氧量显著上升而导致水质降低；据调查访问，官厅水库同样存在泥石流通过主河把大量污染物质输入水库而导致水质降低的危害。像密云水库、官厅水库这样的特大型水库都遭受泥石流的危害，那么泥石流多发区，尤其是干旱和半干旱地区泥石流多发区的那些作为水源地的中小型水库，所遭受的危害必定更为严重。

（2）泥石流对水电事业的危害

前文已讨论了泥石流对以农业服务为主的小型水电站的危害，实际上泥石流对中型、大型，乃至特大型水电站的危害都是显著而严重的。如泥石流把大量泥沙石块送入主河，通过主河进入水库造成淤积，减小水库库容，缩短使用寿命，给电站造成危害。据资料，1971—1991 年间，大渡河下游的龚嘴电站水库的入库泥沙量约达 3 500 万吨/年。数据充分说明，进入该电站水库的泥沙量是巨大的，这与大渡河流淌在高山峡谷之中，无论干流还是支流都分布有大量泥石流沟谷，每年雨季在暴雨的激发下，都有一定数量的沟谷暴发泥石流，把大量泥沙送入大渡河而进入水库密切相关。其中 1989 年进入该电站水库的泥沙量约达 $1.0×10^8$ 吨，为该期间年平均入库泥沙量的 2.86 倍，这与当年贡嘎山东坡的大渡河支流暴发特大规模泥石流紧密联系。黄河干流三门峡水电站设计为特大型水电站，但黄土高原不仅水土流失严重，而且泥石流活动特别强烈，水土流失和泥石流，尤其是泥石流，把大量泥沙输入黄河，进入该电站水库，造成严重淤积，给电站的运营造成严重危害。据宜昌水文站资料，长江流经该站的泥沙量平均每年达 $5.33×10^8$ 吨，其中 2/3 来自泥石流活动十分活跃的金沙江和嘉陵江，这些泥沙给水库造成严重的淤积危害。另据调查，三峡库区有泥石流沟 271 条，这些沟谷一旦暴发泥石流，一部分泥沙石块将直接送入水库，一部分将通过支流汇入水库，这些泥沙也将给水库造成严重的淤积危害。此外，泥石流暴发后，流体直接冲入大型水电站厂房，淤埋发电设备，导致停工停产的危害也曾有发生。泥石流危害水电站的事件，在山区各地都可能发生，应引起水电建设和泥石流防治工作者的高度重视，也应引起电站库区和影响区域广大群众的高度重视。

（三）危害交通、电力与通信线路

泥石流危害铁路、公路和航道，以及电力线路和通信线路的状况是严重的，下面分别进行介绍。

1. 泥石流对铁路的危害

中国山区面积广大，随着山区经济建设的突飞猛进，铁路不断向山区延伸，由于铁路属线性工程，穿越的河流和沟谷，尤其是穿越的沟谷众多，于是成为泥石流危害的主要对象之一。

据不完全统计，中国受泥石流危害的铁路，有成昆、宝成、滇黔、南昆、达渝、内昆、陇海（连云港—兰州）的三门峡—兰州段、兰新、兰青、包兰、宝中、阳安、西（安）（安）康、青藏、南疆等干线和东川、镜铁山、潮石、罗平、玉门、海岫等支线。其中虽有灾害程度不同之分，但都给各线路的运营和维护造成巨大或很大危害，同时也给铁路所在地区的可持续发展带来不利影响。

2. 泥石流对公路的危害

随着中国山区经济建设的蓬勃发展，公路建设也获得迅速发展，高速公路、高等级公路进山入村，形成山区的快速通道。以这些快速通道为骨干，与省道、县道和乡村公路相交织，形成了较为完整的公路交通网络，极大地促进了山区经济的发展，方便了山区群众的出行。但是山区脆弱的生态环境和人类不合理的经济活动孕育了大量的泥石流沟谷，随着公路的增多，泥石流对公路的危害也显得越来越严重。

据资料，（四）川甘（肃）公路甘肃省陇南市境内的465千米公路沿线有泥石流沟655条。该线泥石流在1972—1981年间，淤埋公路的堆积体总土方量达226×10^6立方米，累计中断行车487天，中断行车天数占统计天数的13.3%。其中一年最长的累计中断行车时间达3个月之久，按当时的价格计算，造成的直接经济损失达876万元；为抢修和恢复公路，使用养护工日39.38万个，花费抢修经费470万元。

泥石流危害公路的事件，在中国山区屡见不鲜，每年都有发生。由于上述几例已足以说明泥石流对公路危害的严重性，因此对其他事件不再赘述。

3. 泥石流对航道的危害

泥石流对航道的危害是严重的。如金沙江这样一条规模和水量都巨大的河流，却仅在下游新市镇到宜宾一小段内能通航，而新市镇以上的河段却无法开通航道。究其原因，主要是在江内有400多个险滩所致。这些险滩中的多数，一部分为泥石流堵塞河床，压缩过流断面形成，一部分为泥石流堵断河道后天然坝溃决所形成；除了险滩碍航之外，在险滩影响下，河流的水文特性发生变化，主流线很不稳定也是碍航的重要原因之一。类似事件，在山区各地都能找到例证。

4. 泥石流对电力和通信线路的危害

电力和通信线路的发展程度，是一个地区经济发展水平和现代化水平高低的标志，同时也与当地居民的生产和生活条件密切相关，因此一个地区的电力和通信线路遭危害，不仅直接影响到当地的经济发展速度，而且立刻给群众的生活和生产活动带来巨大困难。

众所周知，交通、电力和通信线路，是一个地区高速发展经济和提高人民生活质量的生命线。这些线路遭危害，必然给国家和当地的经济及人民的生产生活造成巨大的损失。如1977年8月辽宁省宽甸满族自治县东南部5个乡（镇）暴发泥石流，毁坏了灾区内的全部公路、电力和通信线路，中断了灾区的交通和通信，救治伤病员和运送急救物资都只能靠直升机执行，给救灾工作带来极大困难。

（四）危害城镇

城镇，通常是当地的政治、经济、文化中心和物资集散地，因此是当地人口高度集中、经济相对发达的区域。城镇的经济发展程度，不仅直接关系到城镇自身的形象和群众生活水平的提高与改善，还对辐射区的经济发展和群众生活水平的提高与改善产生深刻影响。因此泥石流对城镇的危害，不仅对城镇自身造成危害，还对辐射区域造成危害。

我国受泥石流危害的县级及以上政府驻地城镇主要分布在西部，其中 6 个省级政府驻地城市中的 4 个分布在西部，占受泥石流危害的省级政府驻地城市的 66.7%；19 个地级政府驻地城镇中的 18 个分布在西部，占受泥石流危害的地级政府驻地城镇的 94.4%；116 个县级政府驻地城镇中的 112 个分布在西部，占受泥石流危害的县级政府驻地城镇的 96.6%。泥石流对乡（镇）级政府驻地的危害更为严重。

（五）泥石流危害人类生命安全

人是万物之灵，人类是地球的主宰，有了人类才有了人类社会，有了人类社会，地球才进入了有序开发时期，从而变得生机勃勃、繁荣昌盛。可见人，尤其是人的生命是最为可贵的。但就是这作为地球主宰的人类，其生命也受到泥石流的严重危害。泥石流对人类生命安全的危害，无论在国外，还是在国内都是十分严重的，应引起人类自身的高度重视。

以上从 5 个主要方面根据不同对象对泥石流的危害进行了分析，实际上泥石流的危害对象，远不止这 5 种。不管是什么对象，只要在泥石流的危害范围之内，都会毫无例外地遭受危害，如它对生态环境、历史文物（古迹）、水资源、旅游资源和设施等的危害。不过，上述 5 个方面基本上代表了泥石流危害的主体，因此对其他危害不再赘述。

二、泥石流的危害特征

（一）突发性

泥石流的危害具有突发性特征，在转瞬之间能使生机勃勃的城镇、村庄、工厂、矿山，乃至学校遭冲毁或淤埋而成为废墟；能使呼啸而行的列车和汽车在极短时间内被颠覆或被淤埋而遭灭顶之灾；能使大片生长旺盛或丰收在望的农田瞬时被冲毁或被淤埋而颗粒无收；能使辛勤劳作而充满欢乐的人群瞬间失去生命等。泥石流具有的突发性特征不仅十分显著，而且是带来灾祸的重要原因。

（二）快速性

泥石流危害的快速性，源自泥石流启动的突然性和运动的快速性。如秘鲁瓦斯卡兰山暴发的冰川型泥石流，其流速高达 81 米/秒。据大量野外考察、半定位观测和定位观测资料证实，泥石流流速一般都在 5.0 米/秒以上，平均流速 10.0 米/秒左右（蠕动型泥石流除外），加之泥石流密度高、惯性大，不仅冲击能力巨大，遇阻后淤埋能力也很大，因此泥石流的危害作用十分快速，能在数分钟内将受害对象毁坏。

（三）毁灭性

泥石流危害的毁灭性特征，来自泥石流密度大、流动快速的特性。由于密度大、流速快，其冲击力巨大，遇阻时在对受冲对象进行强烈冲击后，能量消耗巨大，密度很大的流体便部分停止运动或全部停止运动，于是造成严重淤积，致使位于泥石流冲击区或淤埋区的建筑物或其他设施，以及未能及时转移的人员、财物都将遭到冲击或淤埋而被彻底摧毁。

（四）分区性

泥石流的危害分区，主要受其活动范围的控制：在泥石流的形成区，以遭受冲刷为主，也可能遭受冲击危害，因为在泥石流形成区的形成源地，泥石流往往对山坡坡脚和沟岸坡脚进行强烈冲刷，除了造成大量泥沙以分散状态进入沟谷外，还会导致山坡与沟岸失稳，形成崩塌与坡面泥石流，并对阻碍其运动的障碍物造成冲击危害。可见，在形成区，形成源地是泥石流危害的主要区域；形成源地的波及区是泥石流危害的次要区域，仅分散提供固体颗粒的区域是较安全的区域。在泥石流的流通区，以遭受冲击危害为主，也可能遭受淤埋危害，因为在流通通道如果有障碍物阻挡其流动，那么这些障碍物在遭受冲击危害的同时，流体的能量消耗很大，一部分流体，甚至全部流体迅速停止运动，造成淤积危害。可见，在流通区，泥石流的流通通道（包括涌浪区和波浪冲击区）是泥石流危害的主要区域，泥石流抛高物质撒落区是泥石流危害的次要区域；撒落区以外是较安全的区域。在泥石流堆积区（泥石流沟的宽谷段堆积区与山口外堆积区等），以淤积危害为主，也可能造成冲击危害。因为在堆积区地形变得平缓、开阔，泥石流失去边壁的约束，在宽谷段必然向两侧展开，出山口后必然呈辐射状扩散，形成漫流，流体变薄、流速变缓，形成漫淤区，在这一区域泥石流能量大为减小，淤积厚度也较小。可见，在堆积区，泥石流的主流线及两侧和堆积扇顶是遭受泥石流淤埋危害为主，也遭受冲击危害的主要区域，泥石流漫淤区仅遭受一定的或轻微的淤埋危害，漫淤区以外，通常为较安全的区域。无论是泥石流的形成区、流通区，还是淤积区，其主要危害区域可造成毁灭性危害，次要危害区域，可造成较重或一般性的危害；较安全区域，一般不会造成危害。不过要根据每条泥石流沟的具体情况进行分区，才能得到符合实际的结果，切不可随意划分，以免造成不必要的损失。还应指出的一点是，上述分区性不适用于大型、特大型滑坡、崩塌、冰崩、雪崩和冰湖库溃决等形成的高速泥石流，因为这类泥石流不仅会造成严重接触性危害，还会造成严重的非接触性危害。

第三节　泥石流防治的生物措施

泥石流的防治措施一般分为两类：非工程措施和工程措施。其中非工程措施主要包括开展泥石流危险度区划和泥石流的预测、预报及报警，建立泥石流编目与信息系统、防灾减灾的行政管理、对泥石流活动区的干部群众进行泥石流防治知识的宣传与科普教育等工作，因不涉及具体抗御泥石流的实体工程，又被称为"软措施"。而工程措施因涉及泥石流防灾减灾的实体工程，又被称为"硬措施"，由生物工程措施（简称生物措施）和土建工程措施（简称工程措施）构成。本节讲述生物措施防治泥石流。

防治泥石流的生物措施主要包括林业措施、农业措施和牧业措施等。

生物措施防治泥石流的基本原理，是利用植被所具有的保水固土、涵养水源、改善流域气候水文状况、调节洪峰流量等功能，在一定程度上削弱泥石流形成所必须具备的某些基本条件，如削弱形成泥石流的水动力条件和减少松散碎屑物质补给量等，从而使泥石流不能形成或形成的规模减小，不至于造成较大危害。因此，生物措施是治理泥石流的重要措施和主要技术方法之一，其与工程措施和前面提到的"软措施"相结合，就构成了完整的防治泥石流的综合工程体系。生物措施不仅具有防灾减灾作用，而且还能够美化环境，并且在林、农、牧业等诸多方面产生经济效益，由此可以大大地调动当地群众参与防治泥石流的积极性。通过生物措施的实施，把泥石流沟（坡）建设成为环境优美、山清水秀的区域。

运用生物措施防治泥石流，应当遵循以下原则：①注重生态效益，兼顾经济效益；②在泥石流沟的不同部位明确生物措施的不同目标；③因地制宜，合理规划土地的使用，以林为主，林农牧统筹安排。

一、林业措施

林业措施是泥石流生物防治措施的主体。在生物措施防治泥石流中所产生的效果，以对削弱泥石流形成条件和抑制泥石流的活动范围作用最为显著，其中尤其是森林生态系统，在陆地生态系统中具有最高的生产力、最大的和最有效的生态平衡调节作用，是保护生态安全的绿色天然屏障。因此，林业建设和管护在山区具有举足轻重的地位，是山区建设和发展的基本保障，防治泥石流的林业措施应该和山区的林业建设与管护紧密结合，最好能够做到统一规划，尽可能协调一致。这项工作做好了，不仅可以产生巨大的防灾减灾效益，而且可以产生巨大的生态效益、社会效益及经济效益。

林业措施的具体任务，就是植树造林、扩大流域的森林覆被率和管护好林地，使其不受破坏。因此，保护现有森林和大力开展荒山荒坡植树造林，是实施林业措施防治泥石流的基本要求。

（一）保护现有森林

实施林业措施的重要步骤，是要加强对现有林地的保护，防止一边造林、一边毁林的现象发生。事实证明，森林封禁和扶持造林与植被覆盖度变化的关系十分显著，对植被保护发挥着主导作用。

1. 禁伐现有森林

天然林是在自然条件下植被经过长期发展而形成的稳定群落或顶极群落，其在维护生物物种的遗传、更新和生态平衡等方面，具有较人工林更为完备和强大的生态功能；在抑制泥石流形成和保持水土、防病虫害、防森林火灾、土壤养分和水分利用等方面的作用，均优于人工林。因此，在泥石流沟内应加强对现有天然林（包括灌木林）的保护，采取有力的措施保持已有森林的稳定，坚决禁止乱砍滥伐、盗伐林木等破坏森林现象的发生，使其充分发挥涵养水源、保护生态环境和防灾减灾的作用。

2. 护林防火及防治病虫害

林业措施的另一项重要内容，是对林地的管护，即保护林木能正常生长。这项工作除了防止人为破坏，如乱砍滥伐、盗伐等外，还要防止牲畜的啃食、践踏，还必须十分重视对危害森林安全的大敌——森林火灾和林木病虫害的防治，因为森林火灾和病虫害一旦发生和蔓延，往往会在很短的时间里就毁灭掉大片森林。

3. 推广使用多种生活能源

长期以来，山区农村的生活能源以烧柴为主，在中国北方山区由于冬季严寒和漫长，还要烧炕取暖等，每年都要耗费大量薪柴，这对于保护森林是十分不利的。因此，应推广使用多种能源，尽可能地改变农村长期单一使用烧柴草作为能源的状况，减少对薪柴等生物能源的使用。在条件适宜的山区，可大力推广使用沼气作为燃料，其不仅可以解决生活能源问题，而且还有利于保护林草资源，产生的沼液、沼渣作为良好的肥料，可返回林地、果园、草地等，提高土地的生产力，进而促进泥石流流域的生态环境改善，减少水土流失，抑制泥石流的活动与危害。

近些年来，国家大力推动新农村建设，得到了农村居民的积极响应。新农村建设蓬勃发展，山区小水电站的建设也方兴未艾，相应的农村电气化建设日益普及，生活用电逐渐增多。这些为改变山区农村使用的生活能源类型，减少对柴草等生物能源的依赖提供了条件。

随着山区建设的不断发展，对外交流不断增多，交通条件不断改善，也为广泛推广使用液化气、煤等作为生活能源提供了条件。液化气和煤的使用，丰富了山区的生活能源类型，可以大大减少甚至逐步替代对生物能源的使用。

还应特别指出的一点是，中国广大山区日光充足，太阳能资源丰富，有推广普及使用太阳能的条件。在山区推广使用太阳能，用太阳能替代一部分生物能源，也可以减少对生物能源的依赖和植被消耗。

通过采取上述措施，可以有效地保护现有林木不被破坏和加快荒山荒坡森林植被的恢复，对抑制和减少泥石流的发生起到积极作用。

4. 封山育林育草和人工造林

封山育林育草，既是保护现有森林植被的有效措施，也是林业建设的一项重要措施。根据山区的实际情况，对宜林、宜草的荒山荒坡采用封山的方法育林、育草，即借助自然的力量（依靠植被的自然修复能力）进行生态恢复建设、提高山坡的植被覆盖度，这是经实践证明，既经济又有效的方法，在各地山区都有成功的实例。

（二）造林的林型配置与树种选择

林业措施防治泥石流对林型的配置和树种选择与水土保持具有相似性，但在造林部位上的要求则有所不同。

1. 泥石流流域林型配置的原则

对绝大多数泥石流沟而言，其流域面积都较小，如四川境内成昆铁路沿线可量算出流域面积的 366 条泥石流沟，流域面积在 0.04~161.47 平方千米之间，其中流域面积大于 55 平方千米的仅有 10 条，只占总数的 2.3%，即使是其中流域面积达到 161.47 平方千米的大泥石流沟，和大江大河相比，也只能算小流域。因此，从总体而言，泥石流沟通常都属小流域，就这一点来说，泥石流的防治实际上就是针对小流域特种灾害开展的防治。

采用林业措施防治泥石流，是借鉴水土保持学防治小流域水土流失的原理和方法，对暴发泥石流的小流域进行的防治，因此，所采用的林业措施的林型配置与水土保持的林型配置基本一致。但是，因为针对的对象是泥石流，所以在流域内的林型配置的实施部位上会有差别。

根据泥石流沟内不同部位在泥石流的形成与活动中的特征，一般可将其分为4个区：位于流域上游的清水汇集区和泥石流形成区，中游或中下游的泥石流流通区，下游或沟口部位的泥石流堆积区。因此，在流域的不同部位，其对泥石流形成和发展所起的作用不一样，林业措施的对象和实施目的也不一样，林木的立地条件也有差异，在实施林业措施时，这些都必须考虑。一般来讲，不同的区域都有各自最适宜的植物种，只有在当地生长旺盛的植物种才能形成有效防治泥石流的植被类型，也才能产生最好的生物治理效应、生态效应和经济收益。因此，应当遵循的造林原则是：因地制宜，在流域不同的部位针对不同的要求和立地条件，有针对性地分别营造不同的林型并选用不同的适生树种。

此外，防治泥石流的林业措施还要同山区群众脱贫致富奔小康与新农村建设紧密结合才行。因此，造林的林型配置和树种选择还必须考虑兼顾山区群众的经济利益。只有这样，才能使山区群众在参与防治泥石流灾害的过程中，既能减轻或消除泥石流灾害，又能在林业措施实施后获得一定数量的林特产品，增加经济收入，反过来进一步调动他们参与防治泥石流、保护林业工程和维护山区生态环境的积极性，最终把林业措施防治泥石流产生的防灾减灾效益、生态环境效益、经济效益、社会效益发挥到极致，并能够长久而持续地发挥。

2. 泥石流流域分区与造林

(1) 清水汇流区

清水汇流区位于泥石流沟的沟源和上游。在泥石流形成过程中，这一区段主要提供水体和水动力条件。清水汇流区的地形特征是坡面和沟谷均较短，山坡陡峻、沟床纵坡大，在暴雨条件下地表径流汇流时间短，流量虽不大，但流速快，单位流量动能大，下蚀能力强。针对这些特征，在这一区段宜营造水源涵养林，利用林木的树冠、树枝和林下枯枝落叶层拦截、滞留降雨，一方面延长地表径流的汇流时间，减小径流系数和削减洪峰流量，达到削弱形成泥石流的水动力条件的目的；另一方面，通过蓄滞下渗水流，增加地下水补给，减少地表径流。

人工营造水源涵养林，以培育成乔、灌、草相结合的，具多层结构的复层林为最好。

（2）泥石流形成区

泥石流形成区通常位于流域的上游、中游，仍具有山坡陡峻、沟床纵坡大的特征，但随着山坡和沟谷的加长，坡面径流和沟谷洪流流量大增，下蚀和侧蚀能力加强，因此沟谷和坡面都遭到强烈侵蚀，山体破碎，水土流失现象十分严重，崩塌、滑坡和坡面泥石流活动强烈，坡面上或沟床内松散堆积物极为丰富，是泥石流的松散固体物质的主要补给源区。针对该区的地形和坡面特征，宜营造水源涵养林和水土保持林，以利用森林植被保护山坡坡面和维持沟道岸坡的稳定，减小坡面侵蚀作用的强度，从而减少松散碎屑物质进入沟床补给泥石流的数量。由于该区段山坡和沟道两岸的稳定性一般都较差，造林的立地条件也往往较差，受这些不利条件的制约，直接造林一般难以成活，须在山坡下部或沟道中配合一定的工程措施，如修建谷坊、护坡、挡土墙等工程。通过这些工程的作用，既使山坡和沟岸能够保持基本稳定，又使造林的立地条件得到改善，然后再进行造林和植草等，这样才能够保证林草有较高的存活率。

（3）泥石流流通区

泥石流流通区一般处于流域的中游或下游，其地形仍较陡急，但从全流域来看，沟床纵坡已发育至泥石流沟的均衡剖面阶段，即不冲不淤阶段或冲淤大体平衡，泥石流作用以通过为主，但实际上也有冲刷、淤积和松散固体物质补给作用发生。不过从总体上来说，该区段补给泥石流的松散固体物质较少，对泥石流的流量和规模贡献较小。但泥石流规模不同，所要求的均衡纵坡也不同，往往流量大时，能量也大，会对均衡纵坡造成冲刷，流量小时，能量也小，会在均衡纵坡中形成淤积，出现大冲、小淤的情况；但若从平均来看，基本上仍然是处于不冲不淤的状态。

该区段实施造林措施的目的是稳定沟岸和山坡，减少坡面侵蚀，减少参与泥石流活动的松散固体物质量，使泥石流流经本段时，只有清水汇入，流过本段后，流量虽有增大，但密度和黏度却有所减小，流动性增大，泥石流流体有所变性（即由稠变稀），从而减小对下游的危害。在该区段造林，林型要根据地形条件和坡面侵蚀状况等实际情况而定，一般营造水土保持林、用材林、经济林、沟岸防护林、薪炭林等，在林间缓坡地带可适量布置一些草地，供放牧使用。

（4）泥石流堆积区

泥石流堆积区位于泥石流沟下游或与主河交汇口附近，地形比较平缓、开阔，泥石流作用以堆积为主。在该区段，由于地形坡度小，泥石流运动的阻力增大，能量逐渐耗尽，沿途产生堆积作用，并逐渐停止运动。城镇、村庄、农田和人类活动主要集中在这一区段，因此泥石流对人类的危害也主要集中在这一区段。这一区段植树造林，林木能够起到一定程度拦截泥石流和削减泥石流破坏能力的作用。在这一带实施林业措施，除考虑防治泥石流的危害外，还应注重解决与当地居民生活直接相关的一些问题，如烧柴和发展经济等，因此林型配置宜以经济林、薪炭林、沟道防护林和护滩林为主，兼顾用材林或牧地等。

3. 造林树种的选择

实施林业措施能否成功，关键在于是否做到了适地适树。因此，树种选择的重要性不言而喻，它是林业措施中首先要慎重考虑的一个问题。只有从泥石流流域自然环境的实际出发，根据流域不同部位的立地条件，选择不同的适生乔、灌木树种进行造林，才能取得林业措施的成功。树种的选择应注意以下几项。

（1）以乡土树种为主，适当引种适宜当地条件的速生树种。选用乡土树种可以提高树木的成活率；引种适宜泥石流沟当地条件的速生乔木、灌木树种等，则可以提高植被恢复的速度，引种的品种以优良速生、深根和有较高经济价值（如经济林木或果树）及观赏价值的树种最好，尽可能地增加当地农民的收入和改善环境、美化环境。

（2）适地适树。仔细分析影响林木生长的制约性因子，有针对性地选用对不利环境适应能力强的树种作为造林树种。泥石流沟内垂直高差较大，地形复杂，各区段水热条件和土壤性质也不尽相同，适宜生长的树种及林木类型有差异，在选种时应充分考虑这些因素，以保证造林的成功。

（3）根据造林的种类不同，选用不同的树种。如水源涵养林，以选用适生的高大乔木树种为主，用材林、水土保持林及各种防护林则选择根系发达、根蘖性强、耐旱耐瘠薄、生长迅速、郁闭快的树种；在有地下水出露或谷坡下部等易遭水湿的地方，要选择耐水湿的树种；在接近分水岭或山梁等高处营造防护林时，要选择抗风性强的树种；经济林应选择适生的、经济价值高并兼有水土保持效益的树种；薪炭林应选择根蘖性强、生长迅速、耐火力强、耐砍耐割的树种。

（4）居民点附近选择具观赏性的树种。在靠近村镇等居民点的部位、泥石流流域下游及沟口附近和邻近旅游景点的泥石流流域，应尽量选择具有美化、香化和色彩鲜明的观赏树种，以打造美好的人居环境，提高居民的生活质量。同时，在能够充分保证游客安全的前提下，那些植被生长茂盛、生态恢复良好、具有优美环境的泥石流沟，可适度发展观光旅游，以增加当地居民的收入。

尽管林业措施对于防治泥石流灾害有着重要作用，但对森林植被抑制泥石流等山地灾害的能力也要有正确认识，既要充分肯定森林植被具有保持水土的作用，并且在一定条件下具有抑制泥石流发生的作用，但也不能过分夸大其抑制灾害的能力，否则就可能出现对森林植被良好，但仍具备发生泥石流条件的山区忽视或减弱防灾措施，进而导致防灾减灾工作的被动。

二、农业措施

农业措施是生物措施防治泥石流的一个重要组成部分。将农业措施融入防治泥石流的生物措施之中，统筹考虑流域的植被生态系统，进而建立与泥石流防灾减灾相适应的农业生态系统，最大限度地提高山区土地资源的生产力，充分发挥农业措施的生态效益和经济效益，对减轻和防治泥石流灾害有着重要意义。

（一）陡坡耕地退耕还林

陡坡耕地水土流失严重，不仅对生态环境起着破坏作用，而且流失的泥沙汇集到沟道里，对泥石流的形成起着促进的作用，有的甚至在暴雨作用下直接在坡耕地就形成坡面泥石流。因此，在山区，凡坡度大于25°的坡耕地，都应实行退耕还林。

自1999年起，我们国家在大范围内实施天然林禁伐和退耕还林工程以来，工程区的森林资源稳定增长，水土流失面积减少，沙化土地治理见成效，也给工程区的农民带来了实惠，对改善生态环境、维护国土生态安全发挥了无可替代的重要作用，受到普遍好评，这项工程对大区域范围防范泥石流灾害也起到了积极作用。但还需要继续做更细致的工作，巩固退耕还林成果，防止新的陡坡耕种或毁坏林木现象的发生。

退耕还林中对那些坡度较缓（15°~25°）的坡耕地，退耕后可种植经济林或用材林，用林特产品收入替代农业收入；在条件适宜的地区也可种植高产优质牧草，通过圈养和割草喂养牲畜，力保山区群众在退耕还林条件下，经济收入还能不断提高。

（二）沟滩地退耕还沟

沟滩是泥石流或山洪的通道，过去为了扩大耕地面积，进行了围滩造地，使不少沟滩地被改造成了农田。这样做虽然使耕地面积扩大了，但却挤占了沟谷的行洪断面，对山洪或泥石流的排泄有阻碍作用，使山洪或泥石流发生时不能顺畅排泄，还因沟道被束窄使其流动受阻而易泛滥成灾。因此，必须采取措施将沟滩地还沟，恢复沟道的泄洪断面，并修筑沟堤，保护两岸滩地以上的农田和居民点等的安全。

（三）改造闸沟垫地的地埋

在中国北方的石质山区，有很多小流域内都实施过闸沟垫地工程（包括泥石流沟），即在沟道内用石头干砌成谷坊坝，以此为地域，将泥土拦蓄在沟道内，便形成了很多坝阶地，又叫闸沟地，由此获得了更多的耕地，对农业增产增收起到了一定的作用。但因为这类谷坊坝仅仅是用石块干砌而成的，石块间缺乏黏接，结构性很差，强度极低，并且无基础，在暴雨作用下，容易溃决。其一旦溃决便为泥石流形成提供大量松散物质，成为泥石流固体物质的补给源地，对增大泥石流规模和危害起着不可忽视的作用。北京山区、辽东山区等地都有过很多这方面的教训。因此，必须对干砌石谷坊坝进行改造，部分的干砌石谷坊坝需要改建成浆砌石谷坊，以保证其有足够的抗冲强度，确保闸沟地安全；即使有泥石流发生时，因浆砌石谷坊保持稳固，可起到不增大泥石流规模与危害的作用，也可减少农业损失。

在中国西北黄土高原地区的沟道里，为了拦泥和淤地，当地群众修建了大量的淤地坝，坝内拦截泥土后形成的土地成为坝地，用以耕作。多级淤地坝拦淤后便构成多级坝地。由于不少坝为黄土堆成的土坝，强度差，不坚固，在暴雨作用下，一旦溃决便形成泥流，拦蓄的泥土对增大泥流规模和危害起着很大的作用。陕北、陇东等地都有过很多这方面的教训。对这类土坝必须加以改造，提高强度，防止溃坝形成泥流危害下游，同样也可减少农业损失。

（四）改造坡耕地

坡耕地往往实行的是顺坡耕作，一般都没有修地埂，一遇暴雨，在坡面径流作用下表层冲刷强烈，导致土壤肥力丧失和水土流失。长此以往，使耕地的土层变薄，质地变粗，结构恶化，以至于土壤严重退化，甚至引起表层沙化，不仅导致农作物产量大大降低，而且对生态环境造成严重破坏。因此搞好农田基本建设，加强对坡耕地的改造十分必要。在经济条件较好的山区，可采用政府在经济上适当补助的办法鼓励农民修筑地埂，将坡耕地改造成梯田；对暂时不能梯田化的耕地，引导农民将顺坡耕作改变为等高耕作、条带状耕作或垄作，并在顺坡向较长的耕地中部栽植一个或多个有一定宽度的经济林木带或经济草本植物带，截留（阻）顺坡而下的坡面径流与泥沙，减少水土流失和补给泥石流的松散碎屑物质。

（五）边远山区生态移民

由于经济发展的不平衡，在边远山区生活的部分群众的生存条件仍然很差，不仅生活和生产活动受到泥石流等山地灾害的危害和威胁，而且因土地资源等缺少，其他农业生产条件也很差，有的甚至连人畜饮水都很困难，当地生态环境和社会发展的人口压力大。虽然政府已经做出了很多努力，但因为基本生存条件差，群众的生产、生活条件仍很难改善。这些地方的居民，如果还继续留在原地生活，要实行退耕还林等农业措施将十分困难。因此，需要在这些地区开展生态移民工作，为实施防治泥石流的农业措施创造条件，同时也减轻社会发展的人口压力，促进生态环境向良性循环方面转化。

三、牧业措施

总体而言，山区的经济发展，必须坚持以林业为主，牧业、副业为辅，在有泥石流等山地灾害活动的山区也同样如此。但在一些地方，放牧是山区群众的一项重要收入来源，而牲畜往往会啃食林木幼苗，对林地保护不利，于是林业和牧业似乎是一对互不相容的矛盾体。虽然如此，还是需要给牧业以一定的地位。若对牧业处置不当，使当地群众的经济收益受到了较大影响，仍然会给林业措施的实施带来不利影响，从而影响到泥石流防治工作的开展。因此要全面考虑，并采取适当措施，既促进牧业发展，又保证林业不受损害。

（一）改良草场

有的泥石流沟内存在可以放牧的草场，对此应开展调查工作，了解牧草的品种和品质。如果草场生长的草本植物品种比较单一、品质不佳或缺少豆科植物等，就需要采取措施对草场进行改良。例如，试验引进一些适应当地环境、生长迅速、根系发达、抗逆性强、生命力旺盛、繁殖力强、营养价值高的牧草或豆科植物，以满足放牧和增强土壤肥力的要求。山区地形条件复杂，牧场宜草本和灌木结合、多品种混播，以增强植被的群体效应，这样才能提高牧场的质量和载畜量，有利于提高土地利用率和生产力，从而产生巨大的经济效益，以此巩固泥石流治理成果，促进泥石流治理区农村经济和区域经济的发展。

（二）有选择性地发展人工草地

退耕以后的坡地，是否全部都要还林，要视当地的具体情况及需要来定。例如，有些泥石流沟内的部分坡耕地，可有选择地发展为人工草场。在相同的条件下，人工种植的牧草生长快、株丛密、品质好、产草量高，与天然草场比较，牧草产量可提高3~7倍。但一定要有选择地发展，切忌盲目进行。

（三）调整牧业结构

要遵循草畜平衡的原则，按草地植被类型合理安排畜群畜种的比例，羊、牛兼牧。同时，将养殖牛、羊与饲养其他家畜、家禽统一考虑，并进行相互协调，使畜群结构尽可能趋于合理，达到家畜种类与数量在草地空间的最佳分布。

（四）改变牧业养殖方式

改变传统牧业养殖的粗放经营的方式，做到适草适牧；改变在山坡随意放牧和任随牛、羊乱啃食苗木的现象，维护林木安全；推行放牧与割草贮草舍饲相结合的方法，逐步减少坡地放养，增加圈养，利用人工草地割草饲养，逐渐用圈养代替放养，以解决林牧矛盾。按照草地生长的季节性规律养殖牲畜，充分利用暖季青草期的草场资源快速发展牲畜、育肥，到冬季枯草期来临时，只保留基础母畜，将已育肥的老、弱、残畜、商品畜及时淘汰出栏，变为商品，以扬草场之长、避其之短，即由季节畜牧业替代传统畜牧业的养殖方式。

（五）改良养殖品种

对羊的品种而言，尽量少养或不养要啃食幼树树茎和树皮的山羊，减少或消除其对林业的不利影响，改养不啃食树茎和树皮的羊种，如小尾寒羊。进一步培育或驯化引进优良牲畜，淘汰生长慢、对林业破坏性大的品种，提高生产性能，早出栏，快出栏，提高泥石流发育区群众的经济收入。

（六）控制草场载畜量

草场虽然是可再生资源，但各种牧草都有各自的生长规律，要根据牧草的生长规律合理利用草场，改变传统的自由放牧方式，避免发生草场早期放牧、频繁放牧和低茬放牧等危害草场的现象，严格控制载畜量，实行以草定畜、草畜平衡，坚决禁止超过草场载畜量放牧，既要注意充分利用草场，更要注意草场的休养生息，使草场资源可永续利用，并由此获得长久和更大的经济效益。

（七）严禁在封山育林区放牧

牛、羊等牲畜对幼树幼苗的啃食和践踏，往往直接造成幼树幼苗死亡，导致封山育林失败。因此在封山育林区应严格禁止放牧，以保证森林不受外界的干扰和破坏，林木能正常生长，早日发挥生态与减灾效益。

（八）发展家庭副业与旅游业

随着林业措施的实施和逐步发挥出防灾减灾效益，山区的生态环境不仅得以恢复，泥石流危害逐渐减轻，而且林特产品也日益丰富，可利用其发展中草药采集与加工、养蜂、木材加工等副业，以副业增加的收入弥补牧业减少的收入；还可利用林地恢复带来的优美环境，开辟旅游度假地，发展旅游业等，既满足了城乡人民群众日益增长的物质与文化的需求，又增加山区群众的经济收入，可谓一举多得。

第四节　泥石流防治的工程措施

泥石流防治的工程措施，是在泥石流流域内采用工程构筑物，如拦沙坝、谷坊、排导槽、明洞渡槽、护村坝等，消除、控制和减轻泥石流灾害的工程技术措施。常见的泥石流防治工程，按其功能可分为拦挡、排导、停淤、沟道整治、调水、防护和坡面治理等。

一、拦挡工程

拦挡工程包括拦沙坝和桩林等，由于在泥石流防治中拦沙坝使用较多，因此下面就拦沙坝进行简要分析。

（一）拦沙坝

拦沙坝有拦截泥沙、排泄水体、分离水土、削减泥石流峰值流量、提高沟道侵蚀基准面、稳定岸坡、减缓沟道纵坡、防止侵蚀等多种功能。

1. 拦沙坝的类型及特征

根据拦沙坝的结构，可分为重力式拦挡坝、拱坝、格栅坝和钢索坝等类型。

重力式拦沙坝简称重力坝，是依靠自身的重量在地基上产生摩擦力来抵抗坝后泥石流产生的推力和冲击力。重力坝的优点是结构简单、施工方便，可就地取材，坝体的稳定性随着坝后淤积的不断增加而逐年增高，坝体的耐久性好；缺点是坝体体积大，重量大，对地基有一定选择性，拦截泥沙无分选性。重力坝一般用石料砌筑或砼浇注。拱坝应建在沟谷狭窄，两岸基岩坚固的沟段，在平面上呈凸向上游的弓形，拱圈受压应力作用，能充分利用建材很高的抗压强度，具有省工、省料等特点，但对坝址地质条件要求很高，设计和施工较为复杂，溢流口布置较为困难。格栅坝具有良好的透水性，对拦截泥沙具有选择性和坝下冲刷小、易于清淤以及坝体主体可以在现场拼装，施工速度快等优点；其缺点是坝体的强度和刚度较小，格栅易被泥石流龙头和大砾石击坏，需要较多钢材、较好施工条件和熟练技工。钢索坝是采用钢索编制，编成后再固定在沟床上的坝，这种坝柔性良好，能消除巨大的冲击力而促使泥石流在坝上游停淤，并且结构简单、施工方便，但耐久性差，目前在中国使用极少。

2. 拦沙坝的布置

拦沙坝效益的高低，与其布置密切相关。下面就拦沙坝的布置进行分析。

（1）坝址的选择

拦沙坝坝址，一般选在泥石流流通区，可利用1：2 000~1：10 000 的地形图，结合现场实地踏勘选定。应考虑下列条件。

①地质条件

坝址附近应无大断裂通过，两岸山坡稳定，沟床有基岩出露或埋藏较浅，坝基为基岩或密实的沉积物。

②地形条件

坝址处沟谷狭窄，而上游开阔，沟床比降较小，沟谷对称，两肩高度能满足坝高的要求。

③建材与施工条件

坝址附近有充足或较充足的石料、砂等建筑材料与水源；离公路较近并易于修建施工便道，有开阔的施工场地等。

（2）拦沙坝的布设原则

坝址初步选出后，应根据下列原则确定确切位置。

①与防治工程总体协调

拦沙坝的布设，应与防治工程总体布局相协调，与上游的谷坊或拦沙坝、下游的拦沙坝或排导槽能合理衔接。

②安全可靠

拦沙坝应布设在崩塌与滑坡等突发性灾害冲击范围之外，能保证拦沙坝自身的安全。

③效益高

拦沙坝的布设应能满足本身的设计要求，有较好的综合效益，如有足够的拦淤库容和坝高等，既能拦沙，又能利用拦截的泥沙反压滑坡等。

3. 重力式拦沙坝的设计

拦沙坝的类型虽多，但在泥石流防治中应用最广的是重力式拦沙坝。下面就重力式拦沙坝的设计要点做一分析。

（1）荷载分析

作用于坝体的荷载主要有：坝体自重、淤积物压力、水压力、泥石流压力、地基反力、场压力、地震力和泥石流冲击力等。

（2）荷载组合

作用于坝体的荷载组合既与坝库使用情况（空库、半库和淤满后运用）有关，又与泥石流类型和规模有关。根据拦沙坝的受力分析和工程实践，有两点可以肯定：一是空库运行时，拦沙坝稳定性最差；二是拦沙坝淤满后，稳定性最好，其受力状态与挡土墙相似。

（3）稳定性分析

拦沙坝的稳定分析包括三个方面：一是坝体抗滑稳定分析，抗滑安全系数应在1.05~1.15之间；二是抗倾覆稳定验算，抗倾覆安全系数应在1.30~1.60之间；三是地基承载力验算，验算结果要求坝的上游边缘地基不出现拉应力，下游边缘地基压应力低于地基承载力。

（4）结构尺寸设计

拦沙坝的结构尺寸，主要为坝的高度、剖面、溢流口、泄流孔、排水孔的尺寸和坝下消能设施的尺寸等。

①坝高

拦沙坝的高度可分为总坝高和有效坝高。一般将有效坝高作为拦沙坝的坝高。其高度由下列条件决定：坝址处地基和岸坡的地质条件；坝址处的地形条件；拦沙坝的设计目标；合理的经济技术指标，主要是坝高与拦淤库容的关系。

根据坝高，拦沙坝一般分为：坝高5~10米，小型拦沙坝；10~15米，中型拦沙坝；>15米，大型拦沙坝。

②溢流口尺寸

拦沙坝溢流口可按以下原则设计：溢流口应布置在拦沙坝中间或靠基岩出露一侧；断面一般采用梯形或复式梯形，宜深宜窄；底宽可参照坝址处河底宽度取值，泥深按宽顶堰出流计算，由设计泥石流流量控制。溢流口深度的安全超高可取0.5~1.0米。溢流口底面应采取加强措施，以抵御泥石流的摩擦。

③泄流口与排水孔尺寸

泄流口可采用矩形，泄流口的数量与尺寸，应按排泄常年洪水计算。坝体非流溢段还必须设置排水孔。一般按每隔2~3米设置一排排水孔，排水孔之间的水平距离3~4米，呈梅花形布置。排水孔可采用0.3米×0.4米或0.2米×0.3米等规格。

（5）坝下消能

多数拦沙坝的破坏是由于基础淘空所致，因此必须慎重地处理坝下消能问题。拦沙坝大多数采用副坝消能。

（二）谷坊

有效坝高<5米的重力式坝，通常称为谷坊。

1. 谷坊的特点

谷坊一般布置在小支沟、冲沟或切沟上，具有稳定沟床，防止沟床下切造成岸坡崩滑和溯源侵蚀，减少松散固体物质来源的作用；谷坊上、下游可植树造林，林木与谷坊互相保护，可有效地改变沟道生态环境，延长工程寿命；谷坊工程量小，造价低，防治效果好；但布置在小支沟中，坡陡沟窄，交通不便，材料运输和施工困难。

2. 谷坊的设计要点

谷坊一般沿沟成群布置，形成梯级，下游的第一座谷坊是梯级的依托，位置最好放在基岩或密实的老堆积层上，以免因其破坏而造成上游谷坊的连锁破坏。谷坊按重力式拦沙坝设计，用浆砌石构筑。

3. 谷坊群的布设

谷坊群一般沿沟道自下而上一座座地布置。在坝高确定后，谷坊间距与谷坊上游堆积物的回淤坡度有关，可参考《北京山区泥石流》《中国山地灾害防治工程》等文献推荐的方法或公式计算确定。

二、排导工程

排导工程包括排导槽、导流堤、渡槽（含明洞渡槽）等，下面仅以排导槽为例进行分析。

（一）排导槽的作用与特点

排导槽的作用是将泥石流顺利地排泄到主河或指定区域，使可能的受害对象免遭危害，常用于沟口泥石流堆积扇上或宽谷泥石流堆积滩地上泥石流灾害的防治。泥石流排导槽纵坡大、线路顺直，结构既防撞击、冲刷，又防淤积，因此具有顺畅排泄各类泥石流、高含沙水流和山洪的能力。

（二）排导槽的布置

排导槽的布置除要力求线路顺直、纵坡较大，有利于排泄外，还应注意以下几点：一是尽可能利用现有的天然沟道，加以整治利用，以保持其原有的水力条件；二是出口尽量与主河锐角相交，防止泥石流堵塞主河；三是在必须设置弯道的槽段，应使弯道半径为泥面宽度的 8~10 倍（稀性泥石流）或 15~20 倍（黏性泥石流）。

（三）排导槽纵坡设计

排导槽的纵坡应根据地形（含天然沟道纵坡）、地质等状况综合确定。排导槽纵坡最好一坡到底，以防止因变坡产生淤积和冲刷；若根据地形变化必须设置变坡的槽段，其变化幅度不应过大；若地形不能满足排导泥石流的最小纵坡要求，就应抬高（降低）槽首（槽尾）高程，以获得排导泥石流所必需的最小纵坡。

（四）排导槽横断面设计

泥石流排导槽横断面设计包括横断面形式的选择和断面尺寸的确定。

1. 排导槽横断面的形式

常见的泥石流排导槽横断面形状有梯形、矩形和 V 形等 3 种。一般情况下，梯形或矩形断面适用于各种类型和规模的泥石流，V 形断面适用于频繁发生、规模较小的黏性泥石流和沙（水）石流的宣泄。

2. 断面尺寸的确定

排导槽一般布置在泥石流堆积扇上，其纵坡受堆积扇纵坡限制，因此横断面的设计是在纵坡条件基本确定的情况下进行的。要使排导槽具有与流通段相同的宣泄能力，通常采用加大槽深、压缩槽宽的方法来达到提高输沙能力，顺畅宣泄泥石流的目的。

（1）排导槽横断面尺寸的确定

参照较为顺直、狭窄，且形状和尺寸比较稳定的流通段的沟床形态，或采用有关公式计算，确定排导槽横断面的形态和纵坡 I_B 与底宽 B_g 的尺寸。

（2）试算过流能力

在确定了排导槽的底宽 B_g、纵坡 I_B 和设计泥深 H_c 后，试算排导槽的泄流能力，并将试算结果与泥石流流量比较。若假定的横断面尺寸不能满足排导的要求或泄流能力过大，则修正断面尺寸或改变断面形态，重新进行计算，直到既满足排导泥石流的要求，又达到经济断面为止。

（3）排导槽的深度

直线段槽深根据最大设计泥深，并计入常年淤积高度及安全超高确定；弯道段凹岸须加上弯道泥石流超高。

泥石流排导槽断面尺寸的具体确定方法，可参考《北京山区泥石流》《中国山地灾害防治工程》《泥石流防治指南》《中国泥石流》等文献推荐的公式计算，也可类比确定。

（五）排导槽的平面布置

泥石流排导槽一般由进口段、急流段和出口段三部分组成。

1. 进口段

进口段一般布置成上游宽、下游窄，呈收缩渐变的喇叭形。喇叭口与沟槽平顺连接，收缩角一般为 8°～15°［黏性泥石流或含大量巨砾的水（石）流］或 15°～25°（高含沙山洪和稀性泥石流），过渡段长度应为设计泥面宽度的 5～10 倍，横断面沿纵轴线尽可能对称布置。当上游有拦沙坝、谷坊、潜坝等工程时，布置进口段时应加以利用。

2. 急流段

急流段一般采用全长范围直线等宽度布置，当受地形条件限制必须转折时，以缓弧相接的大钝角相交折线形布置，转折角应≥135°，并采用较大的弯道连接半径。当排导槽较长，纵坡由上向下逐渐变小时，一般采用增加排导槽深度的方法，来满足过流需要。

3. 出口段

出口段宜布置在靠近大河主流或者有较为宽阔的堆积场地之处，避免产生次生灾害。出口段主流轴线走向应与下游大河主流方向以锐角斜交，交角应≤45°。在地形条件允许情况下，可采用逐渐扩大的出口断面，有利于泥石流平缓扩散，防止产生冲刷。对冲刷强烈的出口尾部必须设置相应的防冲措施。

（六）排导槽的结构

目前，采用较多的排导槽类型有两种：软基消能排导槽和 V 形排导槽。软基消能排导槽结构简单，工程造价低，又解决了泥石流对沟床的冲刷问题；V 形排导槽，具有能有效排泄各种不同量级泥石流的能力，多适用于纵坡较缓的小流域泥石流的排导。

软基消能排导槽可分为分离式结构（排导槽两侧建两道平行的边墙形成槽身，在槽内顺流向每隔一定距离设横过沟床的防冲肋板）和整体式结构（肋板与墙基形成整体）。肋板一般以厚度 1.0 米、深度 1.50～2.50 米为宜，并按潜没式布设（肋板顶一般与沟床底齐平），侧墙一般采用浆砌石结构，按重力式挡土墙设计。

V 形槽底部呈 V 形，通常以浆砌石、混凝土、钢筋混凝土进行全断面护砌，构成整体式结构。V 形槽底部由含纵、横坡度的两个斜面组成重力束流坡，纵坡值通常用 30‰～300‰，横坡值通常用 200‰～250‰，限值为 100‰～300‰，在纵坡不足时加大横坡输沙效果显著。

三、护村堤（坝）工程

护村堤是山区常见的泥石流防治工程，其主要作用是控制泥石流流向、流速和动力作用，使其顺利下泄，以保护岸上的村庄免遭泥石流危害。

（一）护村堤的特点

护村堤（坝）身一般采用浆砌石结构，坝体坚固，能抵御泥石流的冲击和冲刷；结构简单，易于施工和修复；可利用当地建筑材料和劳动力，工程造价低。

（二）护村堤的布置

护村堤平面布置应注意以下几点：根据被保护村庄的具体状况，确定保护范围，以少占耕地和建筑物为宜。堤坝线按治导线布设，走向应与泥石流流向大体一致，堤坝线应尽可能避免急弯和折线，拐弯处应设计成曲率半径为泥面宽的 5~8 倍的弧线，以保证有较好的水力条件；堤坝的起点应布置在沟道平顺地段，坝肩应嵌入岸边内 2~3 米；坝末端采用封闭式，终点也应嵌入岸边内 2~3 米。如两端地形地物较高，应以缓坡形式与其相接；堤坝要避免过度挤压过流断面，防止产生严重的淘刷；堤坝应尽可能建在地势较高的位置，以防止泥石流冲刷和减少工程量。

（三）护村堤坝顶高程的确定

护村堤坝顶高程一般由设计泥石流泥位高程、泥石流冲起高度、泥石流弯道超高和安全超高共同确定。

（四）护村堤的结构特点

一般采用浆砌石重力坝，其断面有两种形式，一种是迎流面为垂直面，背流面为斜面；另一种是两面均为斜面。堤顶宽度通常为 0.5~1.0 米，斜面坡比由稳定计算决定，一般取 0.2~0.4；基础应埋置到最大冲刷线以下，寒冷地区应埋置到冻涨深度以下；为防止坝体由于温度应力或地基不均匀沉降而产生裂缝，一般每隔 20~30 米应设置一道沉降缝；护村堤的稳定计算可参照一般石堤的设计方法。

第三章 滑坡灾害及防治

第一节 滑坡灾害基础

一、滑坡的概念

在我国，滑坡一般指狭义概念的滑坡，是指构成斜坡的有滑动历史和滑动可能性的岩、土体边坡，在重力作用下伴随着其下部软弱面（带）上的剪切作用过程而产生整体性运动的现象。我国的《地质灾害防治管理办法》中对滑坡的定义是：斜坡上的土体或岩体，受河流冲刷、地下水活动、地震及人工切坡等因素的影响，在重力的作用下，沿着一定的软弱面或软弱带，整体地或分散地顺坡向下滑动的自然现象。

在滑坡研究的历程中，国外一直流行广义的滑坡概念，是指那些构成斜坡坡体的物质——天然的岩石、土、人工填土或这些物质的结合体向下和向外的移动现象。自 20 世纪 70 年代以来，有人用"斜坡移动"或用"块体运动"等术语来代替广义的滑坡概念，它包括了落石、崩塌、滑动、侧向扩展和流动五大类型。

从以上滑坡的定义可以看出，滑坡灾害具备以下特征：

1. 滑坡的物质成分就是那些构成原始斜坡坡体的岩土体。斜坡坡面上的其他物质（如雪体、冰体、动加载体、动植物体等）顺坡面下滑都不是滑坡现象，甚至于坡面上的岩块、土块等岩土碎屑物质零星的顺坡面下滑也不属于滑坡现象。

2. 滑坡是发生在地壳表部的、处于重力场之中的块体运动，产生块体运动的力源是重力。当各种条件的有利组合使块体的重力沿滑动面（带）的下滑分力大于抗滑阻力时，部分斜坡体即可脱离斜坡（母体）发生滑动。而诸如蓄水后的大坝坝肩对两端山体施加侧向推力而产生的山体移动现象，只能称之为滑移，不属于滑坡的范畴，本书中也不予讨论。

3. 滑坡下部的软弱面（带），是滑坡发生时的应力集中部位，斜坡体在这一位置上发生剪切作用。自然界中的许多所谓"岩崩""山崩"等现象，实质上仍然是滑坡现象。但从滑坡体解体后的各个局部块体来看，它们在滑动的过程中还同时发生了倾斜、翻滚，块体之间还发生挤压和碰撞。这样的滑坡具备了一些崩塌的特征，可以将这类滑坡看作是滑坡与崩塌之间的过渡类型，称为崩塌性滑坡。

4. 斜坡体内的软弱面（带）往往也有很多层，有的坡体内同时发生滑动剪切的软弱面（带）也不止一个。有的滑坡虽然只有一个发生着剪切作用的软弱面（带），但随着边界条件的变化，也可能会向上或向下转移到一个新的软弱面（带）位置上继续发生剪切滑动作用。

5. 整体性也是滑坡体的重要特征，至少在启动时滑坡体是呈现整体性运动的。许多滑坡在运动过程中也还能保持自身大体上的完整状态，但也有些滑坡体因岩土体结构、滑动面（带）起伏、含水量、剪出口位置等原因发生变形或解体，从而表现为崩塌性滑坡。

6. 通常情况下，滑坡是包含着滑动过程和滑坡堆积物的双重概念。滑动过程带来的灾害，早已引起人们的重视，而对滑坡堆积物的危害还未引起重视，研究也不多。滑坡堆积物是滑坡运动后的产物，不仅是指直接参与了滑动过程而停积下来的物质（即滑坡体本身所形成的堆积物），而且还包括了由于滑坡作用的影响而间接形成的堆积物，如水下的浊流堆积物、滑坡堰塞湖中的静水堆积物等。

二、滑坡的发育阶段

滑坡的发生、发展过程是有阶段性的。根据大量的现场实际资料、观测成果、滑坡模型试验和相关的岩土力学研究成果，比较公认的是将滑坡的发生、发展、消亡的过程分为蠕滑、滑动、剧滑和趋稳4个阶段。

（一）蠕滑阶段

滑坡发育的第一阶段，即斜坡上的岩（土）体在重力作用下，应力在坡体中结构面（层面、节理、裂缝等）的两端和凸点处集中，并发生蠕滑变形。蠕滑阶段的变形特征包括：

1. 首先是山坡上部出现裂缝，接着裂缝下侧的土体发生缓慢位移，每月变形仅数厘米甚至更小，而部分巨型滑坡后缘裂缝可以因滑坡体长时间的巨大变形积累能被拉开数十米。

2. 在此阶段，即使后缘出现拉张裂缝也并不明显，有时甚至很快被自然营力填充夷平。大型、巨型滑坡的后缘也可历时千万年而发展成洼地，在宏观地貌上仅可见后缘长期蠕滑的结果——洼地，但总体轮廓可能并不明显。

3. 局部的蠕滑点逐步发展成剪切变形带，剪切变形带内的抗剪强度由峰值逐渐降低，坡体表现出缓慢的蠕滑变形。

4. 这一阶段历时较长，有的达数年、数十年甚至上百年，最长可达 2 万至 3 万年。

5. 该阶段除了重力以外的诱发因素作用并不明显，稳定系数从约 1.20（或更大）向 1.10 左右变动。

（二）滑动阶段

滑坡发育的第二阶段——滑动阶段。随着剪应力将滑面上的各锁固段（点）逐个剪断，坡体的变形越来越大，表现出变形缓慢增加，此时潜在滑面的强度为滑动面的残余强度，时间应变曲线为光滑的曲线或跳跃式的位移。滑动阶段的变形特征包括：

1. 宏观地貌形态上开始显露出滑坡的总体轮廓，在纵向上可见解体现象。同时，滑坡周界的裂缝已基本连通，后缘可见拉张裂缝，部分可见前缘鼓张裂缝。

2. 剪切滑带（滑动面）已逐渐形成，滑带可见擦痕、镜面等滑动现象。

3. 这一阶段发育的时间有长有短，诱发因素对加速滑动发育过程起主导作用。

4. 在滑坡发生过程中，常会出现地下水异常，动物异常，声发射，地物、地貌改变，滑坡后壁或前缘出现小崩塌等现象。

5. 滑坡呈匀速位移或缓慢增大，并有逐渐增大的趋势。

6. 该阶段稳定系数从约 1.10 向 1.00 左右变动。

（三）剧滑阶段

剧滑阶段又称为加速滑动阶段，是滑坡发育特征最为明显、变形速率最快、最可能发生破坏的阶段。当滑动面基本贯通，滑动面上的残余强度接近滑坡体的下滑力时，岩体处于快速位移状态，位移历时曲线迅速向上扬起。这一趋势继续发展，最终将导致滑坡的发生。剧滑阶段的变形特征包括：

1. 滑坡体上各种类型的裂缝都可能出现，但变化很快。后缘和侧缘裂缝两边出现滑坎，后壁上常有小崩塌发生，中段有很多的拉张裂缝，前缘出现扇形裂缝。

2. 滑动面已完全贯通，形成完整的滑面。

3. 滑坡体在重力作用下发生滑动，表现为一次或断断续续地多次完成滑动过程，一般历时较短。

4. 诱发因素继续起作用，特别是断断续续发生滑动的滑坡，其诱发因素的作用十分明显。

5. 随着滑坡的滑动，常常出现地光、尘烟、地声、重力型地震、冲击气浪等伴生现象。

6. 该阶段稳定系数首先从约 1.00 变动到 0.90（或更小），再转而增大至 1.00。

（四）趋稳阶段

该阶段是在剧滑阶段之后发生的，位移速度减慢，各块间变形逐步停止，滑带在压密下排水固结，地表无裂缝、沉陷发生，最后完全稳定下来。趋稳阶段的变形特征包括：

1. 滑坡裂缝以及剧滑阶段所产生的后期变形裂缝均因外营力的作用而消失，或因水力冲刷作用而发展成冲沟。

2. 可见滑坡湖、滑坡湿地（沼泽），典型的滑坡形态逐渐消失。

3. 剪切变形带逐渐压密固结，抗剪强度逐渐增大，总体上滑坡向稳定方向发展转化，直至完全稳定。

4. 诱发因素可继续其作用，只有当 3 个滑坡发生的基本条件有缺失时，诱发因素的作用才会消失。

5. 该阶段稳定系数首先从约 1.00 向 1.20（甚至更大）变动。

也有的科学工作者将滑坡的发生划分为 3 个或 6 个阶段，主要差别在于对蠕动变形阶段的划分，对于最后 2 个阶段（剧烈滑动和稳定压密）的划分大同小异。宏观上人们只能在滑动阶段和剧滑阶段，根据一系列的伴生现象感知到滑坡运动。

三、滑坡的发育特征

斜坡产生滑动之后，形成环状后壁、台阶、垄状前缘等特殊的滑坡地貌，外表看上去很像一只倒扣过来的贝壳。为了正确地识别滑坡，判定斜坡上有没有滑坡的存在，首先需要知道组成滑坡的不同要素以及它们的相互关系和位置。一个发育比较典型的滑坡，通常由滑坡体、滑动面、滑坡裂缝、滑坡壁、滑坡台阶、滑坡舌（滑坡鼓丘）等要素所组成。

（一）滑坡体

斜坡边缘与山体（母体）脱离并且向下滑动的那部分岩土体，称为滑坡体，或简称滑体。滑坡体上的土石松动破碎，表面起伏不平，裂缝纵横，有些洼地积水成沼泽，长着喜水植物。不同滑坡体的体积差别很大，小型滑坡只有十几到几十立方米，大型滑坡体可达几百万至几千万立方米，特大型的甚至可达几亿立方米或更大。

（二）滑坡周界

滑坡体与其紧挨着的周围不动土石体（母体）的分界线，称为滑坡周界。有些滑坡周界明显，有的周界很不明显。只有确定了滑坡周界，滑坡的范围才能圈定。

（三）滑坡壁

滑坡体后部与母体脱离开的分界面露出在外面的部分，在平面上多呈圈椅状，其高度视滑动量与滑体大小而定，从数米至数百米不等。陡度多在 30°～70°之间，似壁状，称滑坡壁或滑坡后壁。一般在新的滑坡壁上，都可以找到滑动擦痕，擦痕的方向即表示滑体滑动的方向。

（四）滑坡台阶

由于滑坡体上下各段各块的滑动时间、滑动速度常常不一致，在滑坡体表面往往形成一些错台、陡壁，这种微小的地貌称为滑坡台阶或台坎，而宽大平缓的台面则称滑坡平台或滑坡台地。

（五）滑动面、滑动带和滑坡床

在滑坡体移动时，它与不动体（母体）之间形成一个界面并沿其下滑，这个面叫滑动面，简称滑面。滑动面以上揉皱的、厚数厘米至数米的扰动地带，称为滑动带，简称滑带。滑动面以下的不动体（母体），叫滑坡床。有些滑坡并没有明显的滑动面，在滑坡床之上就是软塑状的滑动带。

（六）滑坡舌

滑坡体前面延伸至沟壑或河谷中的那部分舌状滑体，称为滑坡舌，也叫滑坡前缘、滑坡头部或滑坡鼓丘。在河谷中的滑坡舌，往往被河水冲刷而仅仅残留下一些孤石。称作滑坡鼓丘时，常常是由于滑坡体向前滑动过程中受到阻碍而形成了隆起的小丘。

（七）主滑线

滑坡体滑动速度最快的纵向线叫主滑线，也叫滑坡轴。主滑线代表着一个滑坡整体滑动的方向，它位于滑坡体上推力最大、滑坡床凹槽最深的纵断面上，是滑坡体最厚的部分。主滑线或为直线，或为曲线、折线，主要取决于滑坡床顶面的形状。

（八）滑坡裂缝

滑坡在滑动之前和滑动过程中，由于受力状况不同，滑动速度不同，会产生一系列裂缝，这些裂缝一般可以分为4种。

（1）拉张裂缝，分布于滑坡体上部的地面，因滑坡体向下滑动或蠕动，产生拉张作用，形成若干条长10多米到数百米的张口裂缝，且多呈弧形，其方向与滑坡壁大致吻合或平行；位于最外面的一条拉张裂缝，即与滑坡壁重合的一条，通常称为主裂缝。

（2）剪切裂缝，分布于滑坡体中下部的两侧，由于滑坡体和相邻的不动土石体之间相对位移产生剪切作用，或者由于滑坡体中央部分比两侧滑动更快而产生剪切作用，因而形成大体上与滑动方向平行的裂缝。在这些裂缝的两侧，还常常派生出羽毛状平行排列的次一级裂缝。有时，由于挤压和扰动，沿着剪切裂缝常形成细长的土堆。

（3）鼓张（隆张）裂缝，当滑坡体向前方滑动时，因为受到阻碍或上部滑动比下部为快，土石体就会产生隆起并开裂形成张开的裂缝，鼓胀裂缝的方向与滑动方向垂直或平行。

（4）扇形张裂缝，分布在滑坡体中下部，尤以滑坡舌部为多，因滑坡体下部向两侧扩散而形成，它们也属于张开的裂缝。这些裂缝的方向，在滑坡体中部大致与滑坡滑动方向平行或成锐角相交，在滑坡舌部则呈放射状，所以称为扇形张裂缝或放射状裂缝。

（九）封闭洼地

滑坡体向前滑动后，与滑坡壁之间拉开成沟槽或陷落成洼地，从而形成四周高、中间低的封闭洼地。封闭洼地中如果因滑坡壁地下水在此出露，或地表水在此汇集，形成湿地或水塘，就称为滑坡湖。

需要指出的是，滑坡的外貌特征往往只有新生滑坡或产生不久的滑坡才显露得比较典型，发生时间较久的老滑坡，由于人为活动或自然的原因，它们的本来面貌常常受到破坏，以致不容易观察出来，必须通过仔细调查，寻找出残留的特征和迹象，才能正确地加以识别。

四、滑坡发育条件

形成滑坡的条件一直是滑坡学研究的重要方面。根据各研究人员的研究成果，将发生滑坡的条件总体上划分为两大类：内部条件和外部条件。内部条件是指斜坡本身所具有的内部特征，在滑坡发育中起着决定性的作用；外部条件是指只有通过斜坡的内部特征才能起作用的外界因素。

（一）滑坡发育的内部条件

发生滑坡的内部条件是指斜坡坡体本身具备的有利于滑坡发生的地质、地貌条件，是滑坡发生的内因和必要条件，对于每一个滑坡的发生都是必不可少的。只有具备这些条件，斜坡坡体才具备了滑动的可能性。

1. 滑坡发育的物质条件——易滑地层

大量统计资料表明，滑坡的分布具有极其明显的区域集中性，而这种集中性又与某些地层的区域分布几乎完全一致。有些地层是很容易发生滑坡而且经常性发生滑坡的，这些地层分布区的滑坡往往成群出现。与此相对应的是，一个滑坡广布的区域内，一定可以发现滑坡的发生与某些地层密切相关，滑坡多分布于这些地层的界线之内。因此将这类地层称为"易滑地层"。

事实上，易滑地层不仅其本身容易发生滑坡，而且其风化碎屑产物也极易滑动，从而使覆盖在它们之上的外来堆积物（冲积物、洪积物等）也易于沿着这些地层岩面或风化碎屑产物顶面滑动。所以，易滑地层不仅指其基本岩层，而且还包括其风化破碎产物所形成的本地堆积层和覆盖在其上的外来堆积层。我国主要的易滑地层见表3-1。

表3-1　我国的主要易滑地层及其与滑坡分布的关系

类型	易滑地层名称	主要分布区域	滑坡分布状况
黏性土	成都黏土	成都平原	密集
	下蜀黏土	长江中下游	有一定数量
	红色黏土	中南、闽、浙、晋南、陕北、河南	较密集
	黑色黏土	东北地区	有一定数量
	新、老黄土	黄河中游、北方诸省	密集
半成岩地层	共和组	青海	极密集
	昔格达组	川西	极密集
	杂色黏土岩	山西	极密集
成岩地层	泥岩、砂页岩	西南地区、山西	密集
	煤系地层	西南等地区	极密集
	砂板岩	湖南、湖北、西藏、云南、四川等地	密集
	千枚岩	川西北、甘南等地	密集—极密集
	富含泥质（或风化后富含泥质）的岩浆岩	福建、云南、四川等地	较密集
	其他富含泥质地层	零星分布	较密集

综合大量的实际资料和前人的研究成果，易滑地层的理想剖面包括了本地地层和外来地层两大类。

本地地层包括了易滑的基本地层、下卧层、易滑的基本地层的残积层；外来地层包括了易滑基本地层的坡积层和外来的冲洪积层。在理想的易滑地层剖面中，其可能发生滑动破坏的位置有：①外来的冲洪积物沿着下界面滑动；②易滑的基本地层的坡积层内部发生滑动；③坡积层沿着下伏的易滑基本地层或残积层顶面发生滑动；④易滑地层的残积物沿着基本地层顶面滑动；⑤易滑的基本地层内部产生顺层滑动；⑥易滑的基本地层内部产生切层滑动；⑦易滑的基本地层沿下卧地层的顶面滑动。在实际的剖面中可能缺失其中一层或几层，在这种情况下滑坡同样可以在不同岩性、不同堆积界面上发生。

易滑地层之所以容易产生滑坡，决定因素是它们的岩性条件。它们或由黏土、泥岩、页岩、泥灰岩，及它们的变质岩如片岩、板岩、千枚岩等组成，或由上述软岩与一些硬岩互层组成，或由某些质地软弱、易风化成泥的岩浆岩如凝灰岩组成。因此易滑地层往往具有如下特点。

（1）决定这些地层易滑性质的主要方面是其中的软弱岩层。它们抗风化性能差，风化产物中含有较多的黏土、泥质颗粒。如昔格达组页岩的黏粒含量可达 30%，甚至在泥岩中可超过 51%。易滑地层中富含黏土矿物，所以具有很高的亲水性、胀缩性、崩解性等特征。

（2）易滑地层的软岩及其风化产物一般抗剪性能较差。遇水浸润饱和后即产生表层软化和泥化，形成厚度很薄的黏粒层，抗剪强度极低。正是这些黏粒薄层在滑坡的发育中起到了决定性的作用。

（3）易滑地层往往在岩性、颗粒成分和矿物成分上与周围的岩土体有较大的差异，从而产生了较明显的水文地质特性的差异。细颗粒的泥质-黏土质软层既是吸水层，又是相对的隔水层。

（4）黏土成分的高胀缩性，使岩土体在干湿交替情况下，迅速使裂隙发生并扩大，地表水很容易顺此进入坡体，有利于滑坡的发生。

2. 滑坡发育的构造条件——易滑构造

作为滑坡发育的背景条件，坡体结构条件与滑坡的关系大体表现为构造单元、区域性断裂带和低级序列的坡体结构面等对滑坡发育的影响与促进作用。在一定构造发育条件下，都可以使滑坡集中、频繁发生。这些影响并促使滑坡发育的构造类型统称为易滑构造。

（1）构造单元对滑坡发育的影响。地质构造因素对滑坡发育的作用首先在于大地构造单元的特点，不同的大地构造单元不仅存在着岩浆活动、地震、地层及其成岩过程等地质发育史方面的差异，而且特别在地层结构、强度方面也有着显著的不同。例如，我国的第一级南北向构造带控制的横断山区内的滑坡特别集中。这里的新构造运动活跃、地震活动强烈、坡体完整性差、河网密集、沟谷切割深度大，这些构造单元的特点决定了这里成为滑坡极为发育的地带。此外还应该注意到，即使在同一个大地构造单元内，不同的次一级构造单元及接触、复合部位的滑坡发育也极不相同，总的来说活动强烈、构造应力集中部位的岩土结构差，滑坡发育强烈。

（2）区域断裂带对滑坡发育的影响。一般在区域断裂带的沿线，带状密集分布着大大小小的滑坡。如在2010年发生特大泥石流灾害的甘肃省舟曲县城一带，从西南向东北主要发育有迭部－白龙江断裂和坪定－化马断层，构成北西向、南东向断裂带，由于构造断裂带的影响，滑坡分布密集且频发，造成了区域内的岩土体十分破碎、松散，构成了泥石流主要的物质来源。

（3）低级结构面对滑坡发育的影响。滑坡上的岩土体要发生滑坡，首先必须与其周围的岩土体分离，这样就要求必须具备一些软弱界面，如滑坡底部的控制面（发展到后来就成为滑坡的滑动面）和周围的切割面（发展到后来就成为滑坡的后壁和侧壁）。这些坡体的分离面一般总是首先沿着岩土体中的软弱层、节理面、裂隙面等潜在的软弱结构面和薄弱带发展而来。

可以发展为滑动面的主要结构面有以下几种：①不同岩性的堆积层界面，如外来堆积层与本地堆积层的界面、本地堆积层内部的界面；②覆盖层与岩层的界面，这种界面多为古地形面，覆盖层与岩层之间的差异使它们既是岩性界面，又是水文地质界面，较易发展为滑动面；③缓倾的岩层层理面；④软弱夹层面；⑤被泥质、黏土充填的层理面、裂隙面；⑥缓倾的大型裂隙面；⑦某些断层面、断层泥形成的界面；⑧潜在的软弱面，如均质黏土中的弧形破裂面等。

可以发展为滑坡后壁、侧壁的主要结构面有各种陡倾节理面、陡倾的层面、陡倾的断层面和沉积边界线等。

3. 滑坡发育的地形条件——易滑地形

滑坡发育的有利地形是山区，凡有斜坡的地方就有可能产生滑坡。25°～45°的斜坡发生滑坡的可能性最大，45°以上的斜坡发生滑坡的可能性虽然也较大，但发生的多是崩塌性滑坡。

当斜坡上的易滑地层为前述的软弱结构面所切割，与周围岩土体的连接减弱或分离时，发生滑坡的必要空间条件是前方要有足够的临空面。使滑移控制面得以暴露或剪出的临空面，称为有效临空面。否则，即使存在临空面，但没有暴露出软弱结构面，坡体一般也无法剪出，也就不能成为滑坡的有效临空面。被切割的岩土体不能成为自由块体，滑坡也就不可能发生，这样的临空面称为一般临空面。

形成有效临空面的基本条件是：①临空面与滑移控制面的倾斜方向一致或接近一致；②临空面的坡度大于滑移面的坡度；③临空面的高度大于或接近于其前缘控制滑移的软弱结构面的埋藏深度。

形成有效临空面的主要因素是河流、沟谷的下切作用。许多自然滑坡都发生在河流、沟谷的两岸或其岸坡上，滑坡剪出口与滑坡发生时的河流、沟谷的侵蚀基准面接近。

随着人类工程活动的迅速发展，大量的深开挖工程可以与河流、沟谷的下切作用相比拟，同样可以为滑坡的发生提供有效的临空面。这也是现在工程滑坡越来越多的一个主要原因。

（二）滑坡发育的外部条件

滑坡发育的外部条件也称为诱发因素，常见的外部诱发条件如果详细区分的话，可以将所有诱发滑坡的因素按照作用机理归纳为增大下滑力和减小抗滑力两大类9种：①减小抗剪强度；②削弱抗滑段；③破坏坡体完整性（增大、扩大节理、裂隙）；④增大坡体重量；⑤液化作用；⑥增大孔隙水压力；⑦增大静水压力；⑧增大动水压力；⑨增大对滑坡的顶托力（如浮托力等）。

1. 滑坡的诱发因素分为直接作用和间接作用。起直接作用的诱发因素较少，更多的诱发因素表现为间接作用，但都以各种水的作用为其影响形式。如地下水、地表渗入水和坡前水位突降等表现为直接作用，暴雨、坡前水位上升和冻融交替等则表现为间接作用。

2. 某种诱发因素可能具有两种或两种以上的作用机理。例如，坡脚处河流的下切作用或人为的深开挖工程活动，不仅削弱了抗滑段的抗滑力，而且增大了地下水的水坡度，加大了动水压力，甚至可能促进坡体的开裂，破坏坡体的完整性。进而加剧了物理风化、化学风化，加速了各种地表水体的下渗。

3. 诱发因素加剧滑坡的发生是有作用条件的。有些诱发因素只有在特定的条件下才有利于滑坡的发生，而在另一些条件下，甚至可以促进滑坡向稳定的方向发展。例如，地震力所产生的瞬间应力，如果其作用方向与坡向接近一致时，可使坡体结构产生破坏和变形；而地震力的另一部分作用则恰恰相反，有利于坡体的稳定。对于这样的因素，在滑坡分析时我们只考虑它的不利影响。特别需要说明的是森林植被对于滑坡的发生也具有两种相反的作用：有利于滑坡稳定的作用主要是雨后及时降低岩土体中含水量的蒸腾作用和其根系盘结层内的土体结构大为提高的类似加筋作用；而不利的因素则包括了树木等植被的重量、降雨时大量截留水分增加的重量和水对岩土体强度的削弱作用、传递给滑坡体上的风荷载、树根对岩土体的机械分裂作用和化学侵蚀等。大量的实地调研也表明，许多在雨季发生的林区表层滑坡的滑动面都是沿着根系盘结层的底面发育的。

4. 很多因素具有明显的地域特征。如由气候条件所决定的诱发因素都具有明显的地域性，冻融作用只发生在高纬度或高海拔区的高寒地带。再如火山活动的诱发作用只局限在有火山活动的地区。

5. 有些诱发因素如火山活动只是偶然起作用，而大部分的诱发因素都是年复一年、周而复始地起着作用。

6. 各种诱发因素不仅对于斜坡上发生的首次滑坡起作用，而且对已有滑坡的复活和周期性活动都有诱发作用。

第二节 滑坡减灾理论与防治技术

一、滑坡减灾理论

滑坡灾害的处置包括了预防和治理两个方面。所谓"防"是当我们认识到可能发生滑坡时，想办法事前采用避让的方式避开滑坡灾害发生时所产生的危害或者使工程场地绕避开滑坡地段；对稳定的斜坡或者是老滑坡，不实施有损其稳定的人类活动。以上的做法都称为"防"，即防患于未然。而"治"是当滑坡发生后或正在发生时，采取一定的工程措施减少其下滑因素，增加其抗滑因素，阻止滑坡的继续发展，以延缓甚至消除滑坡的发生，使场地达到一定的使用目的。大量的实践证明，滑坡灾害的防治是完全可能的。

（一）滑坡防治原理

我国的滑坡防治工作起步较晚，最早是在 20 世纪 50 年代由铁路部门在工程建设中开展。多年来，科研和生产部门对滑坡防治进行了大量的研究及实践，治理了大量的滑坡，包括体积达数百万立方米的滑坡，总结出了适合我国国情的防治原则和方法。如对特大型滑坡成群分布的地区，从经济上考虑以避开为主；对不易避开者则应摸清病害性质和原因，针对主要病因采用排水、减重、支挡工程等综合治理措施；对一般中小型滑坡一次根治，不留后患；对那些短期内不易摸清其性质、治理工程浩大、没有严重危害的滑坡采取分期整治的办法等。在滑坡防治和边坡治理的一些领域，我国已经处于世界前列。如挖孔抗滑桩、抗滑锚桩、锚杆锚固等方面的研究比较深入，且应用广泛，取得了良好的效果。近年来为了增大桩的抗滑能力，还试验成功了排架桩、钢架桩和椅式桩及桩上加预应力锚索等新的形式。

国外滑坡防治处于先进水平的主要是欧美与日本等国家和地区。总的来说，国内外滑坡防治的基本方法是相同的。由于各国的具体条件不同，在防治办法上也有差异和侧重。在欧美各国以改变滑体外形和水平钻孔排除地下水为主，故对减重、反压的位置和防止钻孔的堵塞（特别是化学作用的堵塞）研究得较好。日本由于年降水量大和钢铁工业发达，对集水井排水与钢管桩研究较深入。关于改变滑带土性质的方法，国外也进行了较多的研究和试验。

水平钻孔法是国外广泛采用的滑坡防治办法，具有造价低廉、机动灵活、施工方便等许多优点，对地下水诱发的滑坡治理效果较为理想。这种方法经常作为其他防治措施的一种补充措施，应用于滑坡的防治工程中。

近年来，随着滑坡基础研究及勘探技术的不断深入和发展，诸如锚固技术、微型桩技术等一批新技术和精轧螺纹钢、钢绞线等新材料也不断应用于滑坡防治中，使滑坡防治工程日益多样化和轻型化。

（二）滑坡防治的目的

"防"包含了三个方面的含义：一是对稳定斜坡或稳定的老滑坡，不做有损稳定性的人为活动，使滑坡尽量不发生；二是工程建设场地、铁路或公路线路绕避滑坡地段，使滑坡不会危害到我们的生命财产安全；三是已知某个地方近期内可能发生滑坡时，采用各种方法避其危害，例如将可能受其危害的人员转移、能搬走的财产尽快搬走、各种建筑物中能拆卸的尽量拆卸等。由此可以看出，"防"的目的是保护人员生命和财产安全，达到减灾的目的。它不能阻止滑坡的发生，却能将灾害损失降到最低。

而"治"分为两种情况：一是直接采用工程措施，使将有可能、正在发展或已经发生的滑坡稳定下来，不让其继续发展，从而达到保护可能受危害的人、财产的安全；二是不去阻止可能发生的滑坡，而采用工程措施去保护可能受危害的人、财产的安全。实践中第一种是经常采用的方法。

从以上的论述可见，不论是"防"还是"治"，都是以保护可能受滑坡危害的对象的安全为目的，把灾害损失降到最低。

（三）滑坡防治保护的主要对象

1. 保护人的生命。自然界中人的生命是最可贵的。在滑坡发生之前，作为预防措施，首先应将危险区的人员迁往安全的地方；如果还有时间，再将其他诸如猪、牛、羊等家禽和各种物资搬出；最后将各类建筑物的材料拆下搬走，达到减少灾害损失的目的。若采用工程措施，也应将重点放在保护有人居住、工作和学习的建筑物上。

2. 保护工矿城镇。工矿、城镇是人聚居之地，也是大量物资生产、积累、交流之地，理应重点保护。其次在人力、物力许可的条件下，也应尽力保护广大农村分散的居民住房（经常采用的措施是让危险地带的群众搬迁至安全地带）。

3. 保护水利水电设施、桥涵、铁路工程。能源、交通是国民经济建设的两大支柱，要集中力量重点保护。把大中型水利、水电工程，铁路公路干线和大中型桥涵列为重中之重加以保护。

4. 保护国防重要工程和设施。国防工程是国家建设的重要组成部分，也是国家安全的重要屏障，是关系国泰民安的大事。对国防建设中的重要工程和设施应该重点保护。

二、滑坡防治的原则

滑坡防治方法和措施的选择，除了应弄清滑坡本身的特征外，还须考虑很多相关因素，包括被保护对象的重要性、技术经济效益、勘测工作的深度、施工难度、可能提供的施工技术和方法、可能的投资额度等。

（一）预防为主，尽量绕避

滑坡造成的危害往往是十分惨重的，而滑坡的治理需要投入大量的资金和人力、物力，甚至由于对滑坡的认识程度的限制以及滑坡自身的复杂性，治理效果并不理想。因此对于滑坡灾害，应首先考虑绕避。特别是应尽量避开大型、复杂滑坡成群分布的地区。在稳定性较好的斜坡上施工时，也以不损伤斜坡稳定性为原则，不能乱挖乱建、乱排乱放，尽力减少对斜坡的破坏。

（二）对症下药，综合治理

不同自然环境下不同类型的滑坡，其形成条件和发展过程不尽相同。因此只有在调查清楚滑坡的形成条件、类型、特征和发育过程、阶段后，才能针对其主要症状，制订出切实可行的防治方案，否则就会造成盲目治理，适得其反。如某单位在正在发育的滑坡体前缘开挖路基时，引起边坡小块崩塌，误认为是边坡过陡造成，从而采取了路基内边坡削坡减缓坡度的措施，结果使整个滑坡抗滑段的阻力减小，引起大规模滑动。

一般来说，滑坡是由各种因素综合作用形成的，因此往往需要采用综合治理的方法。即针对诱发滑坡的主要因素采用有效的措施，以控制其发展，再针对各次要的因素，辅以其他措施，这样就可以充分发挥各治理措施的效益，达到稳定滑坡的目的。

（三）早下决心，及时处理

在滑坡发育的初期，治理往往相对容易。对于已有变形迹象的边坡和可能滑坡的边坡，应早下决心，及时处理。如某地2、3号滑坡，开始滑动时均出现在山坡下部，由于及时对2号滑坡采取了矮挡墙处理，制止了滑坡的继续发育。而3号滑坡因处理缓慢，裂缝不断向上发展，后来处理时，不仅做了挡墙，还增加了锚固工程。由此可见，治理滑坡贵在及时，否则由于滑坡的不断发育，将会增加治理的难度。对那些变形严重、处于滑坡发生前夕的边坡，更要采取果断措施，及时处理，避免产生灾害和损失。

在工程建设施工中，对于无法避开的高陡边坡，也应在开挖坡脚的同时，及时做好必要的防护工程。这样可避免边坡在施工中和施工后变形加剧，产生滑坡灾害。

（四）力求根治，不留后患

凡是对人民生命财产和重要工程建筑设施的安全运行有直接危害或威胁的滑坡，特别是一般中小型滑坡，原则上都应做到力求根治、以防后患。如果只顾眼前利益而不求根治，将会造成更大的灾害和损失。

对于有些规模巨大、性质复杂的滑坡，若一次治理投资额较大，为节省投资，可采用一次综合治理规划、设计，分期实施的办法是把稳定滑坡的主要措施放在第一期实施。第一期工程实施后，如滑坡已停止发展，逐步稳定，则第二期治理工程可减少工程量，或不做。

对个别性质复杂且不能及时弄清变形原因的滑坡，可先采取一些应急措施，如排水、夯填裂缝和保护坡脚等，以减轻病害的发展。同时对边坡的变形性质、特征进行详细调查勘测、试验和观测，待情况查清后再进行处理和彻底根治。

（五）因地制宜，注重效益

由于自然环境的多样性，各个地区、各种类型滑坡的特征和发育过程又不尽相同，因此治理滑坡的措施不能千篇一律，必须根据当地、当时的具体情况和滑坡的具体条件，做到因地制宜。选择防治方法和措施时还应根据被保护对象的重要性、施工条件和经济承受能力而定。应特别注意治理措施的经济效益，需要时可设计多个综合治理方案，进行比较，力争做到经济、合理、有效。

（六）方法简便，安全可靠

滑坡治理措施必须安全可靠，特别对一些危害重要工程设施及人身安全的滑坡应加强治理，提高滑坡稳定性。另外，治理过程中，在施工时应尽量避开不利因素，防止由于施工引起滑坡恶化。在安全可靠的原则指导下，在滑坡防治方法和技术措施的选择上，应力求简便易行。尤其是在广大的山区农村，要大胆运用当地群众创造的经过实践检验的行之有效的"土方法"。对于中、小型滑坡的治理，用地表排水、减载和简单的拦挡工程能治理的，决不采用更复杂的技术措施。即使对大型复杂的滑坡治理，须用一些技术较复杂、施工难度较高的工程措施，在方法选择上，也应务求简便易行。

三、滑坡防治方法

滑坡的工程防治主要有三个途径：一是终止或减轻各种形成因素的作用；二是改变坡体内部力学特征，增大抗滑强度使变形终止；三是直接阻止滑坡的启动发生。在实践中经常采用的工程措施按其原理及作用可分为以下几类。

（一）地表排水

滑坡的发生和发展与地表水有密切的关系。排除地表水，对治理各类滑坡都是必要的。特别是当地表水下渗是该滑坡变形的主要因素之一时，更是如此。治理某些浅层滑坡，地表排水最为有效。在滑坡体外，排除地表水以拦截旁引为原则；在滑体以内，以防渗、尽快汇集和引出为原则。

1. 截水沟

截水沟是指滑坡外围截排地表水使其不进入滑体的沟渠，其设计包括了平面布置和剖面结构，具体要求如下。

（1）平面布置截水沟应设在滑体后缘裂缝5米以外的稳定斜坡上。平面上依地形而定，多呈"人"字形展布。沟底比降无特殊规定，以顺利排除拦截地表水为原则。如果滑坡体上的斜面太大，地表径流的流速也较大时，还应加设排水沟。

（2）剖面结构及设计施工要求截水沟的断面应根据每段剖面的汇水面积和洪峰流量设计，一般可按25年一遇的流量进行设计。截水沟深度不浅于0.6米，沟底不窄于0.6米，沟壁一般为（1∶1.50）～（1∶1.75），其结构多为块石水泥砂浆砌体结构或水泥预制板镶嵌结构。

截水沟若建在基岩上，可不进行浆砌，但对沟底和外侧的裂缝应勾缝抹浆，防止水流下渗。如建在松散土石上，应进行浆砌，先砌沟壁，后砌沟底，以增加坚固性。迎水面沟壁（内侧壁）应设泄水孔，以排除土石中的水，并嵌入坡内。

2. 排水沟

排水沟应使滑坡范围内的地表水有序、尽快排出滑坡范围，尽量减少下渗量。滑坡变形体内的排水沟，除充分利用自然沟谷排水外，应设置必要的人工排水沟。人工排水沟一般设置在呈槽形的纵向沟谷中间，平面多呈树枝状，主沟与滑动方向一致，支沟与主滑方向斜交呈30°~45°夹角。

滑坡体内排水沟的结构和截水沟基本相同，其不同点如下。

（1）当排水沟通过裂缝时，应设置成叠瓦式的沟槽，可用塑料板和钢筋水泥预制板制成。

（2）当滑体内有积水湿地和泉水露头时，可将明沟上段做成渗水盲沟，伸进湿地内，达到疏干湿地内土层滞水的目的。伸进湿地内的渗水盲沟用不含泥的块石、碎石填实，两侧和顶部做反滤层。这样水可以从碎石、块石间的空隙向渗沟集中排向明沟。

（3）坡面填实整平工程，有明显开裂变形的坡体应及时夯填裂缝，整平积水坑、洼地，使落到地表的雨水能迅速向排水沟汇集排走。

（二）地下排水

地下水是诱发滑坡的主要因素。排出滑坡区的地下水是治理滑坡的一种有效措施。地下排水的工程措施主要有截水盲沟、支撑盲沟、盲硐、垂直钻孔群、钻孔排水等。

1. 截水盲沟

截水盲沟用于拦截滑坡区外的地下水源，使其不进入滑坡区。截水盲沟通常设置于滑坡可能发生范围5米以外的稳定地段，与地下水流方向垂直，一般做环状或折线状布置。基底应埋入补给滑带水最低含水层之下的不透水层内。

截水盲沟由集水和排水两部分组成。其上沟壁迎水面须做反滤层，而下沟壁背水面及沟顶须做隔渗层，渗沟中心用碎石、卵石做填料。渗沟汇集的地下水从沟底的排水孔排出。如果盲沟较深，其排水孔断面亦应相应加大。截水盲沟的断面尺寸主要由地下水情况及施工条件决定。

2. 支撑盲沟

支撑盲沟要求具有一定强度和很好的透水性。它具有支撑斜坡和疏干地下水的功能。支撑盲沟适用于滑面埋深10米以内的中、小型滑坡的防治。布置在地下水露头和局部塌滑处。平面呈树枝状，主沟与主滑方向平行，支沟与主滑方向呈30°~40°的夹角。支沟还可延伸到滑坡后部外围，起到拦截地表水的作用。盲沟须深入滑面以下稳定岩土中 0.5～1.0 米，否则起不到抗滑支撑作用。支撑盲沟与挡墙配合使用，效果更好。滑坡前部地下水经盲沟汇集流入墙后盲沟（反滤层），由墙内泄水孔也能排出。

3. 盲硐

盲硐用于拦截和排除深部地下水，降低地下水位至滑动面以下，按平面布设和功用可分为两种。

（1）横向拦截排水盲硐：主要修在滑坡后缘滑动面以下，与地下水流方向近于垂直。其目的是截排坡体后部深层的地下水。工程结构和设计施工与铁路隧洞工程规范相同。只须在洞顶和两侧上半部留足够的泄水孔即可。此类工程投资大，施工难度也大，所以一般的滑坡防治很少应用。

（2）纵向排水疏干盲硐：盲硐与主滑动方向一致，主要用于降低滑坡体内的地下水位，整个硐体位于滑动面以下 0.5～1.0 米处。为扩大疏干范围，可在硐顶设置渗井，两侧设置分支排水隧洞和仰斜排水孔。

4. 钻孔排水

钻孔排水是指用钻孔排出滑动面附近的地下水。按钻孔布置不同，可分为垂直排水孔和水平排水孔两种。

（1）垂直排水孔：若滑移面不透水层隔板以下有一强透水层，并且此强透水层具有向沟谷排水的功能，就可采用在滑坡体上打垂直钻孔群的方式，打穿滑动面下伏隔水层底板深入强透水层中，将滑坡体内的地下水排入强透水层中，达到降低滑坡体内地下水位的目的。

（2）水平排水孔：使用水平或仰斜钻孔群，把地下水引出，达到疏干滑坡地下水的目的。若变形斜坡为岩质陡边坡，节理裂隙较发育，有砂岩类透水层，用此方法效果较好。它具有投资少、造价低、见效快、省力、省物、施工简便等优点。若条件允许，水平孔排水与垂直孔（砂井）排水结合使用，效果更佳。

（三）防治水的冲刷与浪蚀

1. 防冲挡水墙

适用于因江河、湖、库水冲刷浪击引起的斜坡滑动变形，且滑动面剪出口位于现代侵蚀面的滑坡和高陡岸坡崩塌的防治。挡水墙应紧贴斜坡，基础嵌入坚硬岩石内 0.5～1.0 米。若基岩埋藏太深，基础应深入河床侵蚀基准面以下大于 1.0 米，否则墙的稳定性得不到保证。

若斜坡发育滑坡的基本特征已经形成，则挡水墙的设计标准要提高，按抗滑挡墙的设计标准进行设计，此种挡水墙称为挡水抗滑墙。

2. 砌石护坡

当斜坡还未出现明显变形时，为防止江、河、湖、库水对坡角的冲刷、浪击，可紧贴斜坡面做浆砌片石护坡。浆砌片石护坡的基础应嵌于基岩，或深入河床侵蚀基准面以下，否则易被洪水冲毁。

在许多情况下挡水抗滑墙与浆砌片石护坡结合使用。具体做法是：挡水抗滑墙高出滑面剪出口2米后，上接浆砌片石护坡，护坡高度应高于30年一遇的最高洪水位。

3. 抛石护坡

在丘陵平原区，河、湖、库岸大多为第四系冲击层，由于风浪和岸流作用，常使岸坡前缘陡立，引起塌岸，甚至引起长缓斜坡产生蠕动滑移。防止这种塌岸和滑坡现象，可在塌岸处岸坡和滑坡前缘水边抛石、填渣、压脚，阻止或减缓波浪、岸流作用。

抛石量视具体情况而定，压在滑坡前缘剪出口位置的堆石厚度不得小于2米，或按松散堆石坝计算其抗滑力与滑坡下滑力之间的关系进行设计。

4. 丁坝工程

丁坝的作用是改变河流的流向，使滑动的斜坡前缘免遭河水直接冲刷。其办法是在危险斜坡或滑坡上游侧适当位置修丁坝。

丁坝与河水流向的夹角不得小于120°。丁坝的一端与斜坡基岩相接，若无基岩出露，应伸进岸坡内1~2米，并在坝肩两侧（上、下游）5~10米范围内做挡水护坡墙。丁坝的基础应深入河床侵蚀基准面以下约1米。丁坝另一端向河心呈30°的倾斜交角，以有利于坝体的安全稳定。

（四）减重与反压

滑坡之所以发生，是因为坡体的力学平衡条件遭到破坏，滑动力大于抗滑力。为阻止滑坡的发生，可采取减小滑动力、增大抗滑力的办法，使坡体重新达到力学平衡状态。主要措施为减重与反压，将滑坡体主滑段物质挖除一部分，反压在前缘抗滑段附近，这样可达到减小滑体的下滑力、增大抗滑力的作用。

减重反压是滑坡防治中最常用的工程治理措施，具有技术简单、投资少、施工容易等特点。主要用于推动式滑坡或滑体中上部较厚、前部有一可靠的抗滑地段，且滑动面是上陡下缓或近于圆弧形的滑坡治理。

减重反压的设计简单，主要是减重范围、减重量和反压位置的确定。在减重反压设计中首先应根据下滑力计算，将滑坡分为主滑段和抗滑段两段，然后根据稳定滑坡的要求，结合其他防治工程措施，综合考虑，确定减重和反压位置。施工时应注意以下几点。

（1）在滑坡体上做减重处理时，应注意施工方法，尽量做到先上后下、先高后低、均匀减重，防止开挖边坡过陡，引起上方和周边岩土体边坡产生新的变形，为了避免由于减重使滑坡后缘及两侧出现过大的高差，减重平台一般可修成（1∶3）～（1∶5）的缓坡，并对减重后的坡面进行平整，及时做好排水与防渗工作。

（2）反压时，为了加强对土的反压作用，可修成抗滑土堤，其土堤断面一般为梯形，其大小应按滑坡推力计算确定。抗滑土堤在堆土时要进行分层夯实，外露坡面应干砌片石或种植草木；土堤内侧应修建防渗沟；土堤和老土间应修隔渗层。

（3）如条件允许，应尽可能利用滑坡上方的减重土石堆于滑坡前部抗滑地段，以节约投资。如果一个滑坡没有可靠的抗滑地段，滑坡减重则只能减小滑坡的下滑力，不能达到增加被动土压力的目的。在治理滑坡时，常需要有下部支挡措施相配合。另外，减重反压措施不是对所有滑坡都适用，例如，对牵引式滑坡就不宜采用。

（五）抗滑挡墙

1. 抗滑挡墙的种类

抗滑挡墙是目前滑坡防治工程中使用最为广泛的一种抗滑建筑物。它靠自身重量所产生的抗滑力，支撑滑坡的剩余下滑力。按照建筑材料和结构形式的不同，可分为抗滑片石垛、抗滑片石竹笼（含铁丝笼）、浆砌块（条）石抗滑挡墙、混凝土或钢筋混凝土抗滑挡墙、空心抗滑挡墙（明硐）和沉井式抗滑挡墙等。近年来还出现了预应力锚索抗滑挡墙等新的形式。

（1）抗滑片石垛和片石竹（铁）笼

片石垛和片石竹（铁）笼是利用本身的重量及较大摩擦系数所产生的抗滑力来抵抗滑体的下滑力。因此体积要比同类浆砌石抗滑挡墙大。抗滑片石垛的基础必须埋置于可能形成的滑面以下0.5~1.0米处。抗滑片石垛的断面形式和尺寸大小是根据滑坡推力大小计算确定的。在一般情况下，顶宽不小于1.0米，垛的高度应高出可能向上产生滑动面的位置，垛的外侧坡度可采用（1∶0.75）～（1∶1.25）。片石应选用坚硬、不易风化的花岗岩、灰岩、钙质或铁质砂岩，切忌用泥岩、页岩和泥质粉砂岩。抗滑片石垛和片石竹（铁）笼具有就地取材、设计施工简单、投资少、透水性好等优点，宜用于滑动剪出口在河床附近的中、小型滑坡的防治。但由于结构松散，不宜用于地震区中的滑坡防治。

（2）浆砌块（条）石抗滑挡墙

此种抗滑挡墙与抗滑片石垛的原理基本相同，所不同的是片石间用水泥砂浆浆砌填实，具有较好的整体性，适用于取材较近、滑动面剪出口在河床附近的所有滑坡防治。

（3）混凝土和钢筋混凝土抗滑挡墙

此类抗滑建筑与上类的区别在于所用的材料不同。由于混凝土尤其是钢筋混凝土强度比同体积的浆砌块（条）石高，所以此类抗滑挡墙的厚度应适当缩小。此类抗滑挡墙适用于石料缺乏地区的滑坡防治，由于投资较高，一般的滑坡防治不宜选用。

（4）空心抗滑挡墙（明硐）

当铁路、公路和灌溉渠道的内边坡高陡，且有大量中、小型滑坡崩塌群，基础为坚硬的基岩时，可选用明硐保护工程通过。明硐能有效地保护路渠正常运行，还可阻止中小型滑坡发生。但由于明硐特殊的结构特征，在滑坡推力的作用下，墙与拱圈的连接部位，容易产生应力集中、变形，所以明硐不适合推力较大的滑坡防治。加上明硐工程设计和施工技术要求较高，造价投资较大，所以一般滑坡的防治不宜选用。除非其他工程都不能应用时，可考虑明硐抗滑措施。

（5）沉井式抗滑挡墙

为避免普通抗滑挡墙大开挖的缺陷，近 20 年来发展起了沉井式抗滑挡墙。当滑动面埋深不大（一般 15 米以内），在滑坡前缘（或前部），布置间隔一定距离的方形或圆形沉井，沉井内用浆砌片石和混凝土填实，基础深入滑动面以下 1.0~1.5 米，利用沉井本身的巨大重力来阻止滑坡向下滑动。由于沉井式抗滑挡墙设计简单，施工简便、安全，与同类型抗滑挡墙相比，投资也不会增大，并且它适用于有明显蠕动变形的滑坡防治。此外，沉井式抗滑挡墙不需要大开挖，所以不会引起滑坡或变形体整体滑移。

2. 抗滑挡墙的结构特点

由于滑坡所处的自然环境十分复杂，滑坡结构和动态特征复杂多样，故抗滑挡墙的形式和结构也是多种多样的，无统一规定。抗滑挡墙的结构特点一般有以下几种。

（1）胸坡较缓，一般为（1：0.30）~（1：0.50），也有用（1：0.75）~（1：1.00）的。

（2）抗滑挡墙后常设卸荷平台，平台宽度一般为 1~2 米。

（3）墙基一般做成倒坡或台阶形。对于土质地基，倒坡以（0.10：1）~（0.15：1）为宜，对于岩质地基，常将墙基做成 1~2 个台阶（齿）。

（4）墙高和埋置深度必须通过验算确定，通常基础埋入完整的岩层中不小于 0.5 米，埋入稳定土层中不少于 2.0 米。

（5）抗滑挡土墙上的伸缩缝、沉降缝、泄水孔、反滤层设置均与一般挡土墙相同，墙后还可设置纵向盲沟以增加抗滑力，防止墙后积水浸泡基础造成挡墙的滑移。

3. 抗滑挡墙的布置原则

抗滑挡墙的布置不仅影响工程效果和造价，而且影响施工的难易。它与滑坡范围、推力大小，滑移面位置、个数、形状，滑床性质和稳定特征，以及与被保护对象的关系等有关。其一般布置原则是：

（1）对于一般中小型滑坡，抗滑挡墙设置于滑坡前缘为宜。

（2）若滑坡发生地为一沟谷地形，且滑坡前缘为一峡口（锁口），峡口两侧为未滑动的基岩或密实土夹石，可在此处设置抗滑挡墙。

（3）滑动面呈阶梯状，滑坡上部可能有次级剪出口，或滑坡呈纵长型，且滑体厚度小（10米左右），可设置分级挡墙。

（4）当滑坡的滑动面沿斜坡中下部基岩层面剪出时，可将抗滑挡墙设置在基岩上，基岩坡脚采用护坡保护。当基岩呈强风化十分破碎时，不宜做抗滑挡墙的基础，可将抗滑挡墙基础设置在坡脚。

（5）治理水库坝肩中的小型滑坡时，若滑坡滑动面剪出口在坝体一端的中部，且滑床为坚硬的基岩，此时抗滑挡墙可与坝体的一端结合，利用坝体本身作为抗滑挡墙。

（6）在新建设区，对已处于相对稳定的老滑坡的治理可与房屋规划建设结合起来，利用抗滑挡墙作为房屋的基础，不过应注意老滑坡体内地表水和地下水的排除。

（7）当铁路、公路和渠道大开挖时，两侧斜坡中上部有发生大量崩塌、滑坡的危险，可采用空心抗滑挡墙（明硐）治理。明硐做好后，硐顶立即填实，并注意地表水和地下水的排除。

（8）已有抗滑挡墙因原设计强度不够，出现轻微变形破坏，须进行加固时，视具体情况可在原墙前、后增做新墙，或在墙前堆砌石增加支撑力，但旧墙加固往往比做新墙施工还要困难，应慎重考虑。

旧墙加固施工严禁大开挖，以防滑体整体复活和损伤旧墙的稳定性，宜选用沉井式抗滑挡墙，还应注意新墙与旧墙的衔接。

（9）已有挡墙的高度不够，滑体中上部有从墙顶剪出的现象，须增加旧挡墙的高度，同时加固旧挡墙，还应注意新挡墙与旧挡墙的衔接。

（六）抗滑桩

抗滑桩是穿过滑体深入滑床以下稳定部分以固定滑体的一种桩柱。多根抗滑桩组成桩群，共同支撑滑体的下滑力，阻止其滑动。同抗滑挡墙相比，抗滑桩的抗滑能力大，施工较复杂，但效果显著，因而被广泛采用。

1. 抗滑桩分类

据抗滑桩所用的材料分为木桩、钢桩（钢管桩、钢轨桩、钢钎桩）、混凝土桩及钢筋（钢轨）混凝土桩等。木桩只适用于浅层、小型、均质土体滑坡的防治，且多适用于短期或临时支撑，不适用于做防治滑坡的永久性工程。近几年用得较多的是混凝土桩和钢筋混凝土桩。

按抗滑桩的施工方法可分为锤入桩、钻孔桩和挖孔桩三类。由于施工机具和条件限制，锤入桩只适宜浅层土质滑坡防治（滑动面在土层内）。钻孔桩的适用性较广，但也存在不足之处，受孔径限制，软弱的土质滑坡易从桩间蠕动滑移；由于使用清水钻进，过多的水会灌入滑动面，产生不利影响；有的受地形条件影响而无法施钻。为克服这些弱点，近年来广泛应用挖孔桩。

挖孔桩是用人工或半机械化，在滑体上设计布孔的位置挖圆形或方形深孔，穿过滑面深入滑床，然后按设计配好的钢筋（有的加入钢轨）混凝土，逐层浇灌至设计的高度。挖孔桩由于断面较大，有较好的抗滑功能。另外可数十根桩同时施工，能加快施工进度，缩短施工周期。

2. 抗滑桩的结构形式

抗滑桩的结构形式取决于滑坡规模、滑坡体厚度、滑坡体推力、设桩位置和施工条件等因素。在一般情况下，可采用排式单桩、桩拱墙、桩板墙或桩基挡墙，若滑坡推力大，可采用椅式桩墙。

对于特大型滑坡，由于滑坡推力很大，滑动面很深，采用单排式抗滑桩很难解决问题，而且也不经济，通过比较，可采用新型的抗滑支挡结构物–抗滑钢架桩。为了解决桩的悬臂段过长，改善桩的受力和工作状态，可采用在桩身设置预应力锚索的预应力锚固桩。

3. 抗滑桩的设计

抗滑桩的设计、应力分布与计算较复杂，国内外做了大量的研究和实践，积累了丰富的资料，下面仅做简单的论述。

（1）抗滑桩截面的选择

抗滑桩截面的选择主要考虑两方面：一是受力要求；二是施工方便。除钻孔桩外截面一般均为矩形。为了人工开挖方便，最小尺寸不宜小于 1.5 米。抗滑桩截面的长边一般沿滑动方向设置，以增强抗弯刚度。抗滑桩截面尺寸大小根据滑坡推力大小、桩间距以及地基容许抗力决定。常见的截面尺寸为：1.5 米×2.0 米、1.6 米×2.2 米、2.0 米×2.0 米、2.0 米×3.0 米、2.5 米×3.0 米和 3.0 米×4.0 米。

（2）抗滑桩长度的确定

抗滑桩长度由两部分组成：滑动面以下的锚固长度和滑动面以上的直接承受滑坡推力的非锚固段长度。锚固长度与滑床地层的强度、滑坡推力大小、抗滑桩的间距、截面和刚度有关。据多年的经验，锚固长度，软质岩层一般为桩长的 1/3，硬质岩层为 1/4，土质滑坡（滑床也为土层）中为 1/2。当土层沿基岩面滑动时，抗滑桩深入滑床的锚固深度可采用桩径的 2~5 倍。

（3）抗滑桩桩底边界条件的选择

抗滑桩桩底边界条件选择是否适宜，直接影响着计算结果。桩底边界条件可分为 5 种。

自由端：桩穿经并支立于非坚硬的土层和破碎岩层时，在滑坡推力作用下，桩底有水平位移和转动，但桩底弯矩和剪力为零。

铰支端：桩穿经非坚硬的土层或破碎岩层并支立于坚硬的岩石上（未潜入岩石内）时，桩底有转动而无水平位移，桩底弯矩为零而剪力不为零。

固定端：桩深入（嵌固于）坚硬的岩石中时，桩底无转动和水平位移，而桩底弯矩和剪力不为零。

弹性铰支端：桩底有转动而无水平位移，桩底弯矩和剪力均不为零。

弹性自由端：桩底有水平位移和转动，桩底剪力为零而弯矩不为零。

在抗滑桩设计中经常遇到的是前 3 种情况。例如，桩拱墙工程中的桩底边界条件按固定端设计，钢架抗滑桩桩底边界条件为铰支端，板桩墙工程桩底边界条件为自由端。

（4）桩间距的确定

桩间距的确定主要考虑如下两个方面：一是在滑坡主轴附近桩间距应小些，两侧和边部大些；二是滑体完整、密实或滑坡下滑力较小时，桩间距可大些，否则可小些，其目的是保证在下滑力作用下，不致使滑体从桩间挤出。桩间距一般在 5~10 米之间。目前，已有一些桩间距确定方面的理论计算方法，仍有待于进一步完善。

4. 抗滑桩平面布置

根据地形、推力大小和对变形的限制要求，其布置形式主要有以下几种。

（1）连接桩排。桩与桩之间的间隔很小，几乎连接。钻孔桩常采用此种形式。

（2）间隔桩排。桩与桩之间的间隔较大，一般取桩直径的 3~5 倍。多采用上、下两排桩错开排列。如果是 3 排桩便组成梅花形，所以此种桩的组合又称为梅花桩。

（3）下部间隔桩与上部抗滑护坡挡墙组合。适用于滑动面剪出口在河床附近，且滑面以下基岩埋深很大，常用于软弱土层的滑坡防治。

（七）预应力锚固

预应力锚固是多年来发展起来的边坡加固的一种新型工程措施。它具有施工设计简便、省时、节省投资等优点，对岩质陡坡和危岩的加固、滑移面埋深浅的岩质滑坡加固效果尤佳，也可用于强风化岩质陡边坡加固喷锚护壁。

预应力锚固通过增强滑动面或松动岩体破裂面上的正压力，从而增大滑移面上的抗滑力，或是松动岩体与稳定岩体间恢复紧密结合，从而阻止其继续变形。按锚固所用的钢材分为预应力锚杆锚固和预应力锚索锚固。

1. 预应力锚固的结构

预应力锚固的主要受力构件是锚杆（索）的锚头，一般有涨壳式锚头、二次灌浆锚头和扩孔锚头，3 种锚头都有各自的受力性能、施工方法和适用范围。在实际工程中，究竟采用哪种锚固方式，要根据滑床岩性、滑坡的发育阶段和施工条件而定。一般情况下，都要对几种锚固方式进行综合的经济比较。

锚杆（索）的另一端通常采用螺杆或锚夹具固定在孔口的垫墩上，垫墩一般由钢筋混凝土做成并在其中嵌入钢质垫板。

2. 预应力锚固的施工方法

其施工方法主要包括钻孔、锚杆（索）制作安装、注浆、施加预应力、锁定等过程。

（1）钻孔。在设计布孔的位置上钻孔，钻孔与滑动面（或松动岩体破裂面）尽量做到垂直，如果实在不能垂直，其夹角也不能小于 60°，否则其效果欠佳。钻孔的直径视锚固的深度和可提供的钻具及锚头的大小而定。国内现今在黄金坪水电站的高边坡加固中已采用了 100 米深的锚索，30 米左右深度已经很普遍（尤其是锚索）。

（2）锚杆（索）安装、施加预应力。将装有锚头的锚杆（索）送入孔底，打开锚头（或向锚固段注入水泥砂浆），使其与孔壁固死；末端（孔口）加上垫板用螺帽（锚板）紧固，施加预应力后向孔内压入水泥砂浆固定整个预应力锚杆（索）。根据锚杆（索）的不同结构，砂浆可分为一次性注入和二次注入两种。

（3）锚杆（索）预应力验算。一个滑坡或一个危岩松动体的加固需要锚杆（索）数，少则数十个，多则数百个。为了确定每孔锚杆（索）的预加应力，须在现场做 3 个以上孔的锚固抗拔试验，求其平均峰值除以安全系数 1.20~1.25。

设计和施工中应注意，不能把锚杆深入滑床的深度设计成与岩层厚度相同。若是沿岩层层面滑动的滑坡，锚头的位置不能设计在同一层面上，应上下错开，以防滑动面向深部转移。

3. 预应力锚杆（索）抗滑桩

预应力锚杆（索）常与抗滑桩（也可与抗滑挡墙）结合使用，形成一种新的整治滑坡措施——预应力锚杆（索）抗滑桩。预应力锚杆（索）抗滑桩是在抗滑桩的顶端施加强大的预应力，改变悬臂抗滑桩的受力状态，用预应力锚杆（索）的拉力来平衡滑坡的推力，改变抗滑桩的受力机制。

由于在桩上增加了预应力锚杆（索），使桩的埋深变浅、断面变小，与老式抗滑桩相比，可以节省大量的材料和投资，经济效益十分显著。老式抗滑桩建成之后，滑坡仍会继续位移，只有滑坡推力使桩产生足够的位移，桩与地基形成有效的抵抗力矩，滑坡才会静止。显然这种受力状态对滑坡治理是不利的。而预应力锚杆（索）抗滑桩在滑坡推力完全发生之前，预应力首先向滑坡反方向作用，在平衡已产生的滑动力之后，还使锚杆（索）影响区受到强大的压力，这样就可以立即起到阻止滑坡的作用。

（八）拦砂坝工程

拦砂坝不仅能拦蓄大量泥石流固体物质，防止对下游的冲刷、危害，而且还能利用拦截的大量泥砂、石块压住两岸坡脚，防止两岸塌滑，因此拦砂坝可用来阻止滑坡的发生。

（九）改变滑带土的性质

滑坡的发生，主要是因为滑动带岩土在水和各种应力的作用下，物理力学性质急剧降低的结果。增强滑动带岩土的物理力学性质，应是稳定滑坡最有效的措施。对此，近几十年来，国内外进行了大量的探索和研究，但由于滑移面岩土结构、特征和性质的复杂性以及一些方法费用十分高昂，目前大部分方法都处于试验与试用阶段，没有广泛的应用推广，其使用范围也多为中小型滑坡。

1. 灌浆处理。灌浆处理是一种用炸药破坏滑动面，随之把浆液高压灌注入滑带附近，通过其扩散，置换滑带水并固结滑带土，使滑坡稳定的一种治理方法。

使用这种方法时，先用钻孔打穿滑动带，在钻孔中爆破，使滑床附近岩层松动；再将带孔灌浆管打入滑带下 0.15 米，在一定压力下将浆液压入，使其充满滑动带中的裂缝，形成一稳定土层，从而增大滑带土的抗滑能力。

我国工程部门在黄土高原区曾用石灰浆、水泥浆和黏土浆灌注处理过一些小型滑坡，取得了一些成效。近几年，这一方法被广泛应用于各种隧道滑坡的整治，不过在使用过程中取消了炸药爆破这一破坏性的手段，完全靠高压将浆液充填入滑带裂隙，并且达到了隧道防水的目的。

（2）焙烧处理。焙烧是利用导硐焙烧滑带土，以减少土体的天然含水量，降低黏性土对水作用的敏感性，并使土体具有一定的抗剪强度，从而达到稳定滑坡的目的。

用焙烧法治理滑坡，导硐一般布置在坡脚滑面以下 0.5~1.0 米处，为使焙烧的土体形成上拱形而具有一定的抗滑力，导硐平面上最好也按拱形布置。导硐焙烧温度一般为 500~800℃。

焙烧处理多用来治理一些小型土质滑坡。

（3）电渗排水。电渗排水是利用电场作用把地下水排除以稳定滑坡的一种方法。使用电渗排水时，先将电极成排交错埋置于滑坡体及滑动带附近，一般以铁或铜为负极，铝桩为正极，在一定时间内或连续不断地供给直流电源，引起孔隙水在电极之间迁移，最后将水分集中排走，从而增加土体的抗剪强度。

（4）化学处理。采用浓缩的化学溶液处理滑动带的黏土矿物，借助离子交换使黏土的性质产生化学变化，从而提高土体的抗剪强度，使用的化学溶液主要由被处理的黏土矿物和滑动带土体中的地下水状况来确定。

（十）微型桩工程

近年来，随着对滑坡机理、防治原理研究的不断深入和对环境保护的重视，滑坡治理逐步摆脱了对大方量土石方挖填和大面积圬工工程的依赖，滑坡防治措施逐步向复合化、轻型化、小型化、机械化和注重环保的方向发展。锚杆（索）、加筋土和微型桩等防护措施相继应用于滑坡治理中，应用的广度与深度得到不断的扩张，取得了良好的效果。

（十一）其他治理方式

除了以上所论述的各种方法之外，还可因地制宜选择一些非常规的治理手段。例如，清除滑坡体、改变滑动方向等。

清除滑坡体在一定条件下也是一种行之有效的防治滑坡的方法。采用该方法时必须注意只有对无向上及两侧发展可能的小型滑坡，可考虑将整个滑坡体挖除，否则将导致更大的滑坡发生。还可采用某些导滑工程改变滑坡的滑动方向，使其不危害到建筑工程的安全。

第四章　特殊土的工程地质危害与防治

第一节　盐渍土的危害与防治

一、盐渍土的概念

土中易溶盐含量大于0.3%的粉土、粉质黏土或砂类土，应定为盐渍土。土中含盐量超过这个标准时，土的物理力学性质产生较大变化，其含盐量越高，对土的性质影响越大。盐渍土中所含盐类主要是氯盐、硫酸盐和碳酸盐。

采用盐渍土填筑路基时，会使基床强度降低、膨胀松软、翻浆冒泥；有的地方还会因盐渍土被溶蚀，形成地下空洞，导致基床下沉；盐渍土还会侵蚀桥梁、房屋等建筑物基础，引起基床开裂或破坏。因此修建铁路时，必须对盐渍土给以足够重视，以消除病害隐患。

二、盐渍土的形成

盐渍土的形成是易溶性盐分在土壤表层积累的现象或过程，而盐分来源是岩石风化作用的产物。在我国西北内陆地区，盐分的富集主要有两个方面的原因：一是含有盐分的地表水流程不长便蒸发已尽，所带的盐分集聚在地表；二是盐分被水带入江河、湖泊和洼地，盐分逐渐积累，含盐浓度增加，这种水渗入地下，再经毛细作用上升到地表，造成地表盐分富集。

在沿海地带由于海水浸渍或海岸的退移，经过蒸发，盐分残留地表，形成盐渍土。平原地区由于河床淤积抬高或修建水库，使沿岸地下水位升高，造成土的盐渍化。灌溉渠道附近，地下水位升高，也会导致土的盐渍化。

三、盐渍土的分布

我国盐渍土依地理位置分为内陆盐渍土、滨海盐渍土和平原盐渍土。

（一）内陆盐渍土

内陆盐渍土分布在年蒸发量大于年降水量，地势低洼、地下水埋藏浅、排泄不畅的干旱和半干旱地区，如我国内蒙古、甘肃、青海和新疆一些内陆盆地中广泛分布有盐渍土。其特点是含盐量高、成分复杂、类型多。含盐量一般在 10%~20%，高者超过 50%。尤其是青海柴达木盆地、新疆塔里木盆地土中含盐量更高，在地表常结成几厘米至几十厘米的盐壳。

我国西北内陆盆地的盐渍土，从山前到山间内陆盆地中心，含盐类型有一定规律性。如青海柴达木盆地内，从昆仑山前冲洪积扇至察尔汗盐湖之间的广大地区，按含盐类型可分为三个区。

1. 山前洪积、冲积倾斜平原区

该地区地势高，坡度较陡，水流以宽浅网状漫流或片流为主。地层为洪积、冲积卵石土。地下水埋深 10 米以上，矿化度较低，水中含有溶解度较小的易溶盐，如碳酸钠、碳酸氢钠等。该地区地表含盐量极少。这是因为该地区地下水埋置深，地下水上升高度难以达到地表，再加上碳酸盐溶解度小，地表水虽然蒸发强烈，但积累盐分甚少。

2. 冲积、洪积平原区

该区上游区段坡度稍陡，地表水流以宽浅网状流或片流为主。土层为砂类土，地下水埋深 7~10 米，矿化度低，水中含有溶解度较小的碳酸钠、硫酸氢钠和硫酸钙，该区下游区段地势平缓，地表径流不发育。土层以粉细砂和黏砂土为主。地下水埋深 3~4 米，矿化度较高，含盐量在 10~15 克/升。土质为硫酸盐型、亚硫酸盐型和氯盐型。地表一般有 10~30 毫米厚盐壳。地表 1 米内含盐量为 1%~5%，以硫酸盐为主。

3. 湖积平原区

地势平缓，土质以黏性土为主，排水不畅，地下水埋深 0.5~1 米，为潜水溢出带。地表有时积水，含盐量达 80~300 克/升，为高矿化度的氯盐型水。地面常有几厘米至几十厘米厚坚硬的氯盐壳。盐壳含量一般为 40%~55%，最高达 70% 以上。1 米内含盐量达 8.3%~37.6%。

内陆盐渍土不仅有水平分带性，在垂直剖面上也显示出一定规律性。一般氯盐在地表，硫酸盐在中间，碳酸盐在底部。这是因为各种盐溶解度不同，在一定条件下形成先后顺序不同的结果。

（二）滨海盐渍土

滨海盐渍土分布在沿海地带，含盐量一般为 1%～4%。但在华南地区因淋溶作用强，含盐量较低，多数不超过 0.2%，且以氯盐、亚硫酸盐为主；华北和东北因淋溶作用相对较弱，土中含盐量较高，可达 3% 以上，以氯盐为主，土呈弱碱性。

（三）平原盐渍土

平原盐渍土主要分布在华北平原和东北平原。由于各地区形成条件的差异，各地盐渍土不尽相同，如东北松嫩平原，地势低平，土质为冲积、洪积砂黏土、黏砂土及粉细砂，透水性差，地下水径流不畅。由于毛细水上升蒸发作用，使地表土盐渍化，形成厚约 5 毫米的一层盐霜。本区盐渍土以含碳酸氢钠和碳酸钠为主，氯盐及硫酸盐含量较少。土中含盐量一般为 0.7%～1.5%，高者达 3% 以上。盐分在垂直剖面上分布：地表 20 厘米内因淋溶作用，含盐量低，小于 0.5%；地下 20～75 厘米，含盐量超过 0.5%；75 厘米以下，含盐量又逐渐减少，过渡到非盐渍土。华北地区主要为氯盐渍土。

四、盐渍土的危害及处理措施

（一）盐渍土的危害

盐渍土危害主要表现在使路基松胀、膨胀、翻浆冒泥及对混凝土侵蚀等。

1. 路基的松胀和膨胀

随着温度变化，硫酸盐渍土本身体积产生变化，引起土体变形松胀，这不仅受昼夜温度升降影响，使路基表层产生周期性的体积变化，而且夏季气温高，土中含有的硫酸钠溶液经土的毛细管上升到地表，水分蒸发后，留下无水结晶盐，久而久之在地表形成一层雪状松散层，使路基表层处于松散状态。一般气温在 15℃ 时，路基土开始有松胀反应，-6℃ 时松胀反应最灵敏。松胀现象会造成路肩和边坡失稳、易被风吹蚀，还会使路肩下陷，给养路造成困难。

硫酸盐渍土填筑的路堤，由于季节性温差变化，会引起路基季节性隆起和下沉。兰新铁路哈密附近冬季基床隆起百余毫米，形成线路一大病害。

用碳酸盐渍土填筑的路基，当含盐量超过 0.5% 时，会引起路基土体强烈膨胀，再加上土体塑性强、透水性小、排水性差，造成路肩泥泞不堪和边坡溜坍。

2. 基床冻胀和翻浆冒泥

这种病害在各类盐渍土中均有发生，且比一般土严重。这是由于盐渍土在冬天受到冰冻作用，水分由温度高的地方向冻结带迁移，以致在临界冻结深度聚冰层附近发生水分集中现象，使体积膨胀，产生冻胀现象。春季融冻时，上层冰首先融化，而下层冰未消融，上层水无法下渗。再加上硫酸盐亲水性强，使水分富集超过液限。另外硫酸盐在春季气温回升时，放出结晶水，也增加了土中水分。含水超过液限的土层，在列车振动荷载作用下，使路基产生翻浆冒泥。

3. 路基的溶蚀和冲蚀

降雨淋溶作用，使表层土中盐分减少，造成退盐作用，结果使路基变松，透水性减弱，膨胀性增大，降低了路基的稳定性。降雨时使路肩出现细小冲沟，特别在降大雨时，路基内形成空洞，小者数十厘米，大者 1.5~2.0 米，严重影响行车安全。

4. 建筑材料的腐蚀

硫酸盐含量超过 1% 和氯盐含量超过 4% 时，对水泥产生腐蚀作用，使水泥砂浆、混凝土疏松、剥落或掉皮。盐渍土中的易溶盐，对砖、钢铁、橡胶等材料有不同程度的腐蚀性。盐渍土中氯盐含量超过 5% 或硫酸盐含量超过 2% 时，使沥青延展度普遍下降。碳酸钠和碳酸氢钠能使沥青发生乳化。

（二）盐渍土的工程处理措施

各种类型盐渍土，都会给工程带来危害。为减少或消除病害，应针对盐渍土的类型采用不同的工程措施。

1. 换土垫层法

盐渍土地区地表的盐壳及其下的松土都不能承受路基的荷载。盐壳被路基掩埋后，如仍然在毛细水上升作用范围内，盐壳的含盐成分被逐渐溶解而变成很疏松的土，往往造成路基沉陷、路面破坏，而且在毛细水作用下，容易使路基再次盐渍化。因此地表盐壳及其上超过允许含盐量的土均应清除，一般情况下是把有效盐胀深度范围内的盐渍土挖掉，用一定厚度的非盐渍土、灰土或砂砾料回填，可从根本上消除由于盐渍土造成的盐胀、塌陷等病害。一般来说，在盐渍土厚度不超过 5 米的情况下，可以采用砂土垫层全部换填，彻底解决地基溶陷问题，如果全部清除盐渍土较为困难，可以主要清除影响范围内的盐渍土，换填灰土，这样不仅可以解决地基持力层的溶陷性问题，同时灰土本身也可以作为隔水层存在。

2. 控制路基填料含盐量及密实度

采用盐渍土填筑路基，要对含盐量按规定进行控制。含盐量超过规定的界限值后，填土难以夯实到最佳密度，强度不能满足设计要求，路基会出现各类病害。

对氯盐渍土的试验表明，对盐渍土的夯实密度如果能达到最佳密度90%的规范规定标准，则盐渍土的剪切强度和抗压强度不会因含盐量增加而降低，反而有所提高。所以在干旱条件下，只要保证盐分不被水溶解，用较高含盐量土填筑路基是可行的。

（三）控制路基高度

盐渍土地区地下水位浅，当路基填土缺少切断毛细水的渗水性材料时，填筑的路基有再度盐渍化、冻胀和翻浆冒泥的可能。东北和西北铁路现场观测证实，路肩高出地下水位2~3米时，都会使路基遭受严重冻害。为使路基免受冻害和再度盐渍化的危害，路肩设计标高应满足下列要求

$$H \geqslant h_1 + h_2 + h_3 + h_0$$

$$(4-1)$$

式中 H——最低路基设计高度，米；

h_1——冻前地下水位标高，米；

h_2——毛细水强烈上升高度，米；

h_3——临界冻结深度，米；

h_0——安全高度，一般0.3~0.5米。

安全高度 h_0 是考虑毛细水强烈上升高度与临界冻结深度间留出一定距离，防止毛细水向上转移。

毛细水上升高度与土颗粒粒径、含盐类型和地下水矿化度有关。土颗粒细小者，毛细水上升高度大；地下水矿化度高者，上升高度小。毛细水上升高度分为毛细水上升最大高度和毛细水强烈上升高度。前者是指在毛细力作用下，地下水能上升的最大高度；而毛细水强烈上升高度是指从支持毛细水的顶点到地下水面的距离。在支持毛细水活动范围内，毛细水活动强烈，对路基面冻胀和积盐起着重要作用。

（四）隔断毛细水

当盐渍土地区填筑困难，不易用提高路基高度的方法来消除毛细水影响时，可采用隔断毛细水措施。就是在路基某一层位设置一定厚度的隔断层，隔断毛细水的上升，防止水分和盐分进入路基上部，从而避免路基或路面遭受破坏。隔断层类型按采用材料有土工布

（膜）隔断层、风积沙或河沙隔断层、渗水土隔断层、沥青胶砂和油毛毡等隔断层。渗水土隔断层属透水性隔断层，只可隔断毛细水的上升。土沙膜、沥青砂、油毛毡属于不透水性隔断层，可隔断下层毛细水和水蒸气上升。

1. 渗水土隔断层

一般选用卵石（碎石）、砾石和砾砂等作为隔断层，隔断层厚度与渗水土颗粒级配、粉粒含量和路基高度有关。渗水颗粒越粗，厚度可越薄。一般认为路肩至地下水位高度大于 3 米时，隔水层厚度采用 0.5 米；高度小于 3 米时，厚度采用 0.75 米。

2. 沥青胶砂隔断层

沥青有较好的塑性，抗酸能力强，还有较好的黏结力，与砂、土、石材料黏结在一起，在一定温度下有足够的强度，是良好的隔水材料。应用结果表明，铺设 3~5 厘米厚沥青后，隔断层上填土含水量无明显变化，达到了预想的效果。

3. 土工纤维材料隔断层

目前铁路部门正广泛采用土工纤维材料整治基床病害。它具有隔离、反滤、排水、加固土体、防水等多种功能。从透水性来讲，可分为透水和不透水两种。采用不透水的氯丁橡胶和涂塑玻璃纤维布做柔性封闭层整治翻浆冒泥，取得良好效果。

（五）缓冲层法

缓冲层法是设一层一定厚度的不含砂的大粒径卵石，使盐胀变形得到缓冲，从而减小对路面的破坏作用。缓冲层的设计应满足两个基本要求，一是其强度要满足上部荷载的要求，二是缓冲层能基本消除盐胀变形。

（六）增设护坡

增设护坡方法是运用某种材料做成防护坡，把路基边坡覆盖起来，以防止边坡松胀和雨水淋溶冲刷等，同时像盖被子一样起到保持土体温度的作用。防护层的厚度要根据所选材料和当地气候条件而定，此法综合效果好且较为经济。

（七）强夯法

针对孔隙率较大、结构较为松散的盐渍土，可以采用强夯法，由于这类盐渍土内部存在大量的空隙，土颗粒之间的接触联结较弱，强夯法能够使土体变得更加密实，增大土颗粒之间的接触面积和有效应力，很大程度上降低地基盐渍土的溶陷性。大量的工程实例证明这是一种有效的盐渍土地基处理方法。

（八）预溶法

预溶法是在道路施工过程中，预先对地基盐渍土采用低矿化度的水浸灌，使得盐渍土中的盐分溶解于水中或者发生化学反应，并且随着水流排泄到其他地方。预溶法需要盐渍土具有良好的渗透性，以免灌入的水滞留在盐渍土中，加重土体的危害性，如一些渗透性较好的砂砾石土、粉土和黏性盐渍土等非饱和盐渍土。同时预溶法治理盐渍土最好选择在气温和土壤温度均较高、蒸发量较小的地方，避免冬季土壤中水冻结。一般来说，预溶法能够降低大部分的盐渍土溶陷性。工程上在灌水干燥以后，经常使用强夯法来进一步夯实地基。

第二节　黄土的危害与防治

一、黄土概述

黄土是以粉粒为主，含碳酸盐，具大孔隙，质地均一，无明显层理而有显著垂直节理的黄色堆积物。具有上述部分特征但不够典型的称为黄土状土。黄土是在半干旱气候条件下形成的，在世界各地分布很广，覆盖全球2.5%以上面积的。

我国黄土是在一定的自然地质条件下，由不同的物质来源，受不同的地质作用，分布在不同的地貌单元上的多种成因的堆积物。我国黄土主要是风积成因类型，也有冲积、洪积、坡积、冰水沉积、湖积类型。

各地区黄土的总厚度不一，一般高原地区较厚，以陕甘高原最厚，可达100~200米，而其他高原一般只有30~100米。河谷地区的黄土总厚度一般仅几米到三十米，而且主要是新黄土。

按照黄土的塑性指数可将黄土分为砂质黄土和黏质黄土。根据是否具有湿陷性，又可将黄土分为湿陷性黄土和非湿陷性黄土两大类。其中湿陷性黄土与工程建筑关系最为密切。例如，引水渠道因黄土湿陷而使其变形，达不到引水的目的；泵站、房屋建筑因地基湿陷而下沉开裂、濒于倒塌等。因而研究湿陷性黄土的工程地质特征及其工程地质问题具有重要的现实意义。

需要指出的是，湿陷性并非湿陷性黄土独具的特性。某些素填土，如干旱气候条件下堆积的黏砂土、砂黏土、砂土等，浸水受压后也能发生结构的破坏而突然大量下沉。例如我国的柴达木盆地及沙特阿拉伯的盐渍土等都具有不同程度的湿陷性。所以具有湿陷性的土，不一定是湿陷性黄土，但湿陷性是湿陷性黄土的主要特征。

二、湿陷性黄土的工程地质特征

（一）湿陷性黄土的物质成分和结构

湿陷性黄土的颜色主要呈黄色或褐黄色，以粉粒为主，富含碳酸钙，具大孔隙，垂直节理发育，具有湿陷性。

1. 湿陷性黄土的物质成分

我国主要黄土区湿陷性黄土的粒度成分以粉粒（0.005~0.05毫米）为主，含量为52%~72%，多数为55%~65%，且其中主要是粗粉粒（0.01~0.05毫米）；砂粒（>0.05米）含量较少，一般很少超过20%，甚至只有百分之几，而且主要是0.05~0.1毫米的极细砂；黏粒（<0.005毫米）含量变化较大（5%~35%），一般为15%~25%。

从粒度成分来看，湿陷性黄土多属粉质砂黏土；矿物成分主要由石英、长石、碳酸盐、黏土矿物等组成。石英含量常超过50%，长石含量达25%，碳酸盐含量10%~15%，而且主要是碳酸钙，黏土矿物含量一般为百分之十几，以伊利石为主。此外，还含有少量的易溶盐、中溶盐和有机质，这些一般都不超过1%。

2. 湿陷性黄土的结构特征

固体矿物颗粒为结构的基本单元。湿陷性黄土的结构基本单元，一般由原始矿物颗粒和集合体组成。集合体中包括一般集粒和凝块两种。原始矿物颗粒和一般集粒统称为粒状颗粒。

酸盐胶结成的集粒。凝块是由于集粒中的碳酸钙被淋湿，集粒变软而成。在黄土中，粒状和凝块状颗粒并存。凝块的形成与气候条件有关，气候干旱集粒中的碳酸钙保存得较好，不易形成凝块；气候湿润集粒中的碳酸钙被淋湿而形成凝块。因而在一般情况下，我国黄土分布区的西北部以粒状为主，东南部以凝块状为主，中间地带粒状、凝块状都有。

颗粒间的联结是一种重要的结构特征，联结的牢固程度决定于联结类型和联结形式。黄土是以石英、长石、碳酸钙等极细砂和粗粉粒构成基本骨架。黏土矿物颗粒多以凝聚状态存在或以黏土"薄壳"形式包裹在碎屑颗粒表面；可溶盐以盐晶膜和盐晶形式存在，将较粗颗粒联结起来。因此，黄土的联结类型为凝聚-胶结联结及胶结联结。

联结形式按颗粒接触面积的大小，分为点接触和面胶结。点接触一般存在于刚性集粒或碎屑颗粒之间，颗粒直接接触，接触面积小，颗粒间除包裹粒状颗粒的黏土"薄壳"和盐晶膜外，只有极少的盐晶和黏胶微粒附在接触点处。点接触联结强度较低，因而在较小压力下（有时只在浅层土的自重压力下），颗粒间的联结即遭破坏。面胶结颗粒间接触面积较大，接触处有较厚的黏土膜及盐晶膜联结，这种联结具有较高的强度，一般在浅层土自重压力下浸水不会发生湿陷。联结形式与气候条件、碳酸钙淋溶和黏土化程度有关。在我国黄土分布区，其联结形式的变化趋势是自西北部至东南部，以点接触占优势渐变为面胶结占优势。

孔隙性是湿陷性黄土最重要的结构特征之一。在结构的基本单元间存在着大小不同的孔隙。湿陷性黄土中的孔隙有粒间孔隙、集粒间孔隙、集粒内孔隙、颗粒内孔隙、颗粒-集粒间孔隙。其主要类型为颗粒-集粒间孔隙，此种类型孔隙是黄土类土特有的大孔隙，其孔隙大小为 0.01~1 毫米。集粒间和集粒内孔隙、颗粒内孔隙则属细微孔隙和超微孔隙（均小于 10 微米）。

湿陷性黄土是在干旱气候条件下形成和长期变化的产物。在形成时是松散的，在颗粒的摩擦或少量水分的作用下略有联结。但水分蒸发后，体积收缩，胶体、盐分、结合水集中在较细颗粒周围，形成胶结-凝聚结构。经过反复湿润干燥，盐分累积，部分胶体陈化，粒间联结加强，形成较松散的大孔和多孔结构。因此这类黄土的孔隙率高，常在 40%~50%，孔隙比为 0.85~1.24，多数在 1.0 左右。

（二）湿陷性黄土的物理力学性质

由于湿陷性黄土的物质成分和结构具有上述特征，所以在天然状态下，湿陷性黄土的工程性质具有如下的特征。

1. 含水较少，天然含水率一般在 7%~23%，多数为 11%~20%，天然密度为 1.3~1.8 克/立方厘米，干密度为 1.24~1.47 克/立方厘米；塑性较弱，液限一般为 26%~34%，塑性指数多为 8~12，多处于坚硬或硬塑状态；透水性较强，由于存在大孔隙和垂直节理发育，故透水性比粒度成分相类似的一般黏性土要强得多，常具中等透水性，渗透系数一般为 0.8~1.0 米/天，而且具有明显的各向异性，垂直方向比水平方向的渗透系数可大数倍甚至数十倍。

2. 强度较高，尽管孔隙率高，但压缩性仍属中等，压缩系数 α_{1-2} 一般在 0.1~0.4 兆帕之间。抗剪强度较高，内摩擦角 φ 一般为 15°~25°，黏聚力 c 为 30~60 千帕，但新近堆积黄土土质松软，强度低，属中高压缩性，α_{1-2} 为 2~0.7 兆帕。

三、湿陷性黄土地区湿陷变形和陷穴危害及防治措施

（一）黄土地基的湿陷及防治措施

1. 黄土地基湿陷变形的特征

由于湿陷性黄土具有特殊的成分和结构，未浸湿时强度较高，当其受水浸湿后，在土的自重压力或土的自重压力与附加压力共同作用下，土的联结明显减弱而产生湿陷变形。湿陷变形的特点是：变形量大，常常是正常压缩变形的几倍，有时甚至是几十倍；发生快，多在受水浸湿后1~3小时就开始湿陷。因此，湿陷性黄土作为建筑物地基的主要工程地质问题，是湿陷变形量大、速率快且具有不均匀的湿陷变形，往往使建筑物地基产生大幅度的沉降或不均匀沉降，从而造成建筑物开裂、倾斜，甚至破坏。例如，原西宁南川锻件厂的数十幢建筑物，因地基湿陷均遭到不同程度的破坏，1号楼在施工中受水浸湿，一夜之间建筑物两端相对沉降差竟达16厘米，室外地坪下沉达60厘米。不均匀湿陷致使该幢房屋的地下室尚未建成，便被迫停建报废。

湿陷性黄土地区，因地基湿陷而造成的建筑事故虽然较多，但只要能对湿陷变形特征与规律进行正确分析与评价，采取恰当的处理措施，湿陷是可以避免的。

对黄土地基湿陷变形特征的研究，主要是通过现场原位测试进行，还可通过对自重湿陷性黄土场地地表塌陷和建筑物沉降以及破坏情况进行观察和分析。

（1）自重湿陷变形特征

①自重湿陷量

自重湿陷量的大小与湿陷性黄土层的厚度及浸水面积有关。一般湿陷性黄土层厚度大的，自重湿陷量也大。从地区分布来看，我国湿陷性黄土分布区自西往东土的自重湿陷性减弱，强烈自重湿陷性场地多出现在陇东、陇西一带，实测自重湿陷量常超过50厘米。如原甘肃连城铝厂，用预浸水法处理地基，浸水面积为1 765平方米，浸水37天，最大自重湿陷量达135.2厘米，而关中地区仅部分场地的局部地段分布有自重湿陷性黄土，实测自重湿陷量为9~25厘米。如西安北郊徐家堡，实测自重湿陷量为9厘米。浸水面积的大小决定了浸湿土体的范围。大面积试坑浸水，浸湿土体范围大，浸湿土体的自重足以克服未浸湿土体对它的约束力，因而自重湿陷能充分发展。实践表明，只有浸水试坑边长超过湿陷性黄土层厚度或不小于10米，自重湿陷便能充分发展。若浸水面积较小，尽管试坑下全部湿陷性土体被浸透，但由于周围未浸湿土体对浸湿土体起约束作用，因而湿陷量较小，甚至不发生湿陷。

②湿陷影响范围

自重湿陷影响范围以地表裂缝至水边线的距离来衡量。黄土透水性较强，而且垂直方向大于水平方向，垂直渗透系数往往是水平渗透系数的 2~3 倍，有时达数十倍。因此，浸水时其渗透主要是竖向渗透，直至遇见地下水水位或隔水性能较强的土层后，侧向浸润势能加强。浸水一般是沿 40°~45° 的角度自四周向下扩散（自重湿陷周界）。浸水湿陷变形后，浸水土体的周边产生环形裂缝，一直延伸到地表。在实践中，湿陷影响范围，可以按由于湿陷导致的地表下沉范围及地表裂缝至水边线的距离来决定。

③湿陷变形持续时间

对于自重湿陷性黄土场地，一般在浸水 1~5 天后即开始湿陷，但达到湿陷变形稳定所需时间较长。据甘肃、陕西等地的实测资料，试坑浸水到湿陷稳定约 50~100 天。浸水开始 15 天内完成的自重湿陷量约占全部自重湿陷量的 40%~80%。

（2）外荷湿陷变形特征

外荷湿陷在附加压力与自重压力共同作用下产生，其变形特征可通过浸水载荷试验来研究。

①外荷湿陷量

在湿陷性黄土地基上，当基底压力超过黄土的湿陷起始压力后受水浸湿，即将产生外荷湿陷。所产生的总下沉量中，包括湿陷变形与压缩变形。湿陷变形通常占总下沉量的90%左右。

湿陷量的大小除与土的组成和结构有关外，还与基底压力、基底面积有关。当土的湿陷性基本相同时，湿陷量有随压力增加而变大的趋势。

当基底压力一定时，随着基底面积增加，湿陷量有所增长，但由于侧向挤出减少，因此湿陷量的增加与基础面积增大并不成正比。

②湿陷影响深度

由基础荷载引起的湿陷，不论湿陷性黄土层有多厚，都只发生在基底以下有限深度范围内的湿陷性黄土层中。对非自重湿陷黄土来说，外荷湿陷影响深度。当某深度土的附加压力（R）与自重压力（R）之和小于湿陷起始压力时，在某深度之上即为非自重湿陷黄土外荷湿陷的影响范围。对于自重湿陷性黄土地基，湿陷起始压力一般小于土的饱和自重压力。因此，在自重湿陷性黄土层范围内，湿陷起始压力不会超过土的饱和自重压力与附加压力之和；而且附加压力随深度增加而衰减，当衰减到一定值时，就不能使土产生外荷湿陷了。所以，自重湿陷性黄土地基外荷湿陷影响深度比非自重湿陷性黄土地基大。

③外荷湿陷影响范围及侧向挤出变形

外荷湿陷影响范围常以侧向挤出至水边最远边线的距离来衡量。在外荷作用下，湿陷土体内任一点都处于多向受力状态，因此产生多维变形，即不仅有垂直位移，还能产生水平位移（侧向挤出变形）。侧向挤出变形是湿陷变形的组成部分，只有在外荷作用下才能发生。黄土在天然状态下加荷时，由于含水量不高，结构强度较大，侧压力系数较小，因而限制了基础下土体向周围挤出。而浸水后，侧压力系数增大数倍（水平附加压力增大）以及结构联结破坏，抗剪强度降低，致使在局部荷载作用下，土体发生侧向挤出。侧向挤出变形的大小与压力大小、基础面积和形式等有关。据西安、关中地区、兰州等地测试结果得出，侧向挤出的水平影响范围，从基础边缘开始都不超过基础的宽度。一般侧向挤出的范围随基底压力或基底面积的增加而增大。

④湿陷变形持续时间

湿陷变形过程可分为两个阶段。第一阶段，即湿陷急剧发展阶段。这一阶段经历的时间短促，由于大量水的浸入，土的原始结构强度急剧降低，其变形量占总湿陷量的80%～90%左右。随着土被压密，土粒之间逐步形成新的稳定结构，因而变形速率开始减缓。第二阶段，即湿陷稳定阶段，这一阶段延续时间较长。湿陷变形达到稳定所需时间除与土的渗透性有关外，还与基础面积、基底压力有关。一般第一阶段延续2～5天；第二阶段延续时间较长，需15～30天才达到稳定。

2. 防治措施

为防止湿陷性黄土地基发生显著的湿陷变形，一般采用如下两类措施。

（1）防水措施

防水措施是防止或减少建筑物地基受水浸湿的有效措施。这类措施如：平整场地，以保证地面排水通畅；做好室内地面防水设施，室外散水、排水沟，特别是施工开挖基坑时要注意防止水的渗入；切实做到上下水道和暖气管道等用水设施不漏水等。水的渗入是湿陷的基本条件，因此只要能做到严格防水，湿陷事故是可以避免的。

（2）地基处理

地基处理是对基础或建筑物下一定范围内的湿陷性黄土层进行加固处理或换填非湿陷性土，达到消除湿陷性、减小压缩性和提高承载能力等目的的措施。在湿陷性黄土地区，国内外采用的地基处理方法有重锤表层夯实、强夯、垫层、挤密桩、热处理、预浸水、水下爆破、化学加固和桩基等。

①重锤表层夯实

重锤表层夯实一般采用2.6～3.0吨的重锤，落距4.0～4.5米，落下夯打。经重锤夯实，可消除基底下 1.2~1.75 米黄土层的湿陷性。在夯实层范围内土的干密度明显增大、压缩性降低、承载力提高、湿陷性消除。

②强夯法

强夯法（又叫动力固结法）是采用 8~40 吨的重锤（最重的达 200 吨），从 10~20 米（最高达 40 米）的高处自由落下，对土进行强力夯实，借以提高承载力，降低压缩性和消除湿陷性。强夯法施工简单、效率高、工期短，但施工时振动和噪声较大。

③土垫层

土垫层是先将处理范围内的湿陷性黄土挖出，然后用素土或灰土在最优含水量状态下回填夯实。采用土垫层法处理湿陷性黄土地基，可用于消除基础底面下 1~3 米厚土层的湿陷性。

④土桩挤密

土（或灰土）桩挤密，是利用打入钢套管，或振动沉管，或炸药爆扩等方法，在土中形成桩孔，然后在孔中分层填入素土（或灰土）并夯实。在成孔和夯实过程中，桩周围的天然土被挤密，从而消除桩间土的湿陷性。

土桩挤密方法的特点是不需大挖大填，土方量少。处理深度为 5~15 米，国外有的达 18~25 米，是消除或减小厚度大的湿陷性黄土层湿陷的有效方法。一般适用于处理地下水位以上的湿陷性黄土地基。

⑤化学加固

化学加固法，是将某些溶液通过注液管注入土中。溶液本身或溶液与土中化学成分产生化学反应，生成凝胶或结晶，将土胶结成整体，从而提高土的强度，消除湿陷性，降低透水性。注入浆液材料较多，主要有硅酸钠、氯化钙、氢氧化钠、铝酸钠、丙烯酰胺等。

非自重湿陷性黄土地基，凡经过地基处理的，一般可以防止湿陷，或者使湿陷减轻。自重湿陷性黄土地基，凡经过地基处理的，也能消除一定程度的湿陷性。

选用防治措施应根据场地湿陷类型、湿陷等级、湿陷土层的厚度，结合建筑物的具体条件，经过技术经济对比后确定。Ⅰ级湿陷性黄土地基，对于一般建筑物，采用防水措施为主，配合某些结构措施；对于某些重要建筑物，除防水和采用结构措施外，还可用重锤表层夯实或换土垫层。Ⅱ级或Ⅲ级湿陷性黄土地基，则以地基处理为主，并配合必要的防水措施和结构措施。

对于有的水工建筑物，防止水渗入几乎是不可能的，通常采用预浸法。如对渠道往往是预先放水，使渠道雏形浸透而发生湿陷变形，然后再修正渠道断面以达到设计要求，在重点地区可以重锤夯实。

（二）黄土陷穴及防治处理措施

1. 黄土陷穴的形成及分布

在湿陷性黄土分布区，经常遇到黄土的陷穴。黄土陷穴常使工程建筑物遭受破坏，如引起房屋下沉开裂、铁路路基下沉等。有时由于陷穴的存在，使水大量潜入路基和边坡，从而导致路基边坡坍滑。特别是地下暗穴的存在，由于不易被发现，时常在工程建筑物修建以后，突然导致发生建筑事故。如湿陷性黄土地区铁路路基因暗穴引起轨道悬空，造成行车事故。因此在黄土地区进行工程建筑时，应查明黄土陷穴的分布规律，做出定性、定量的评价。

黄土陷穴是由水的潜蚀作用及人类活动造成的。由于湿陷性黄土是一种质地疏松具有大孔隙和垂直裂隙并富含可溶盐的土，水较容易在其中渗流，当渗透水流的水力梯度较大时，水流能将土中的细粒带走，与此同时水对土中的可溶盐进行溶滤，其结果是土的结构联结被破坏，逐渐形成陷穴。

黄土陷穴有碟形地、陷穴（漏斗状、竖井状、串珠状）、暗穴、人为洞穴。碟形地通常分布在黄土高原上地形略凹的地方，由于雨水的积聚，并沿孔隙、裂缝逐渐下渗，黄土被浸湿，在重力作用下下陷，形成直径几米至几十米、深为 2~3 米、边缘坡度较陡的碟形或近圆形的洼地。有碟形地表示这里的黄土有自重湿陷性。黄土陷穴常分布在黄土塬边缘、河谷阶地边缘、冲沟两岸及沟床中。由于坡面径流集中，水流沿节理下渗，使黄土发生潜蚀和湿陷而形成漏斗状（口径数米）及竖井状（深度是口径的数倍）陷穴。当水渗到不透水层或弱透水层时，就汇集成地下水流，并逐渐向横向发展，潜蚀成通向沟谷的暗穴，水在沟壁上渗出或流出。

人为洞穴有古老的采矿坑道、掏砂坑、坟墓等。坟墓中的古代墓埋藏较深，在天然地表下 8~12 米，不易发现，容易造成隐患。例如，在西安东郊一建筑场地内，平均每 25 平方米就有古墓一座。古墓的特点是墓道长，即使距建筑物较远，一旦浸水，水也会顺着墓道流入地基，造成湿陷。

2. 黄土陷穴的防治处理措施

在可能产生和发展黄土陷穴的地带，应针对陷穴形成和发展的条件采取必要的预防措施。其主要措施为：①加强地基（路基）排水，即把地表水引至有防渗层的排水沟、截水沟，经由沟渠排泄至附近的桥涵或地基范围以外；②改善地表性质，如将表层夯实、铺填黏土等不透水层或坡面种植草皮；③平整坡面与地面，减少地面水的积聚和渗透；等等。

对已有黄土陷穴应进行处理。对小而直的陷穴可进行灌砂处理；对洞身虽不大但洞壁曲折起伏较大的洞穴和离路基中线或地基较远的小陷穴，可用水、黏土、砂制成的泥浆重复多次灌注；对基础下的陷穴一般采用明挖回填，挖至洞底并清除洞底虚土，然后分层回填夯实，对较深的洞穴，开挖导洞和竖井进行回填，由洞内向洞外回填密实。

（三）黄土湿陷地裂缝

1. 黄土湿陷地裂缝的形成机制

黄土在水（降雨、灌溉、地下水回升、水渠渗漏等）的作用下，由于湿陷而导致地面沉降，形成的地裂缝称黄土湿陷地裂缝。地裂缝的形成机理有以下两种模式。

（1）黄土湿陷初始开裂的悬臂模式

黄土具有大孔隙、节理发育的特点，使得黄土具有比较强的渗透性。地表水通过裂隙进入土体使黄土湿陷，当湿陷区的黄土湿陷下沉，上部黄土形成类似于悬臂梁一样的弯曲变形，从而使悬臂端上拉下压，发生破裂，形成地裂缝。

（2）不均匀沉降模式

地裂缝具有导水作用，当水顺裂隙渗入，会导致裂缝带含水量较高，从而湿陷量大于两侧地层，产生差异沉降，容易在地表形成陷坑。

2. 黄土湿陷地裂缝的防治措施

控制黄土湿陷地裂缝形成的措施较多，如预浸水、换填、挤密、强夯、桩基穿透湿陷土层、防渗和控制地下水位等。

预浸水使大部分湿陷量在施工前完成。如前所述，分布在湿陷性黄土中的建筑场地，可采用换填、挤密、强夯、桩基穿透湿陷土层等具体措施消除黄土湿陷性。换填是一种简单、实用、彻底的处理措施，尤其对表层地裂缝和防渗部位地裂缝的效果更佳。此外，也要控制地下水上升至湿陷性黄土中，防止黄土湿陷形成地裂缝。亦可在地表铺设防渗膜，使地表水无法穿过防渗膜入渗至湿陷性黄土中。

第三节　膨胀土的危害与防治

一、膨胀土概述

膨胀土是指黏粒成分主要由强亲水性矿物（蒙脱石、伊利石）组成，体积随含水量的增加而膨胀，随含水量的减少而收缩，具有明显胀缩特性的黏性土。膨胀土一般呈棕黄、黄红、灰白、花斑（杂色）色，常含铁锰质及钙质结核。由于这种土裂隙极为发育，故又称为裂隙黏土（简称裂土）。

膨胀土的分布很广，遍及亚洲、非洲、欧洲、大洋洲、北美洲及南美洲40多个国家和地区。我国是世界上膨胀土分布最广、面积最大的国家之一，在河北、河南、湖北、广西、四川、云南、贵州、安徽等地都有广泛分布。由于分布甚广，在铁路建设中常遇到膨胀土，如焦枝、汉丹、太焦、襄渝、阳安、成昆和贵昆等铁路，均有相当长的线路在膨胀土地区通过。

膨胀土的成因大致可分为两大类：一类为各种母岩的风化产物，经水流搬运沉积形成的冲积、洪积、湖积和冰水沉积物；另一类为母岩风化产物在原地堆积或在重力作用下沿山坡堆积形成的残积和坡积物。因此，膨胀土的分布与地貌关系密切，如我国膨胀土大部分分布在各河流形成的阶地、湖盆及平原内部的冲、洪积物，以及分布在低山丘陵剥蚀区的残、坡积物。例如成都黏土是分布在二、三级阶地的冲、洪积物，南宁膨胀土是分布在一、二级阶地的冲、洪积物，云南蒙自地区的膨胀土是分布在小型山前倾斜平原及低丘的第三纪泥岩的残、坡积物，贵州省贵阳、贵定膨胀土是低丘缓坡的石灰岩残积物。在其他一些国家，则尚有冰湖沉积或海相沉积的膨胀土。

值得指出的是，与膨胀土成因有关的母岩，如红层地区广泛分布的泥岩等膨胀岩，是构成膨胀土的主要物源之一。而膨胀岩属于软岩中的特殊类型，它的性状具有似岩非岩、似土非土的特点，而且本身就与水的关系极其密切，亲水性异常强烈，由于其含有大量亲水矿物，湿度变化时有较大体积变化，变形受约束时产生较大内应力，所以称为膨胀岩。通常将膨胀岩与膨胀土相伴生部位的岩土体合称为膨胀岩土。有关膨胀岩的具体特征可参见相关规程规范及研究成果。

二、膨胀土的工程地质特征

（一）膨胀土的物质成分和结构特征

1. 膨胀土的物质成分

膨胀土是一种高分散的黏性土，黏粒（<0.005毫米）含量高，一般高达35%以上，而且多数在50%以上，其中粒径小于0.002毫米的土粒占有相当大的比例，粉粒（0.005~0.05毫米）含量也较高，但多数少于黏粒含量；砂粒（>0.05毫米）含量较低，一般仅百分之几至百分之十几。按颗粒成分分类，膨胀土多属黏土。

膨胀土中含有一定数量的结核，是膨胀土物质成分的一个重要组成部分。一般常见的是钙质结核，其次是铁锰质结核。结核大小不等、形状各异，小的仅几毫米，大的可达数十厘米。其分布大多集中于裂隙面与层面附近，而且所有膨胀土中均散布有单个结核。

膨胀土的矿物成分复杂，可分为继承性的陆源碎屑物质、自生的黏土物质以及化学成因的氧化物、无机盐等。陆源碎屑物的成分为石英、蛋白石、燧石、酸性长石、碱性长石、云母等。黏土矿物以蒙脱石、高岭石和伊利石为主。膨胀土中的无定形氧化物（游离氧化物）和难溶无机盐系孔隙溶液中的沉淀物，以薄膜状分布于黏土矿物表面或以结晶质充填于孔隙中。

2. 膨胀土的结构特征

固体矿物颗粒为土结构的基本单元。膨胀土的结构基本单元有两类：一类为薄片状黏土矿物颗粒组合而成的微叠聚体活动性结构单元。高岭石、伊利石的微叠聚体中薄片间分别由氢键及钾离子联结，因此排列整齐紧密，基本上保持矿物晶形的特征。蒙脱石叠聚体中薄片间由范德华力联结，蒙脱石薄片小而薄，易受外界条件变化的影响，当失水收缩时，薄片发生不均匀变形而翘曲张开呈花朵状。这些活动性结构单元构成膨胀土的基质，成为膨胀土连续受力骨架，对受力变形和强度特性起控制作用。另一类为陆源碎屑颗粒构成的固定性结构基本单元，悬浮于黏土基质中。碎屑颗粒本身强度较高、变形较小，但彼此不相接触，不能构成膨胀土连续的受力骨架，对土体受力变形和强度不起支配作用。

如上所述，膨胀土由叠聚体构成黏土基质。叠聚体间的联结是靠远距离作用力（分子引力、静电引力、磁力）形成的凝聚联结。凝聚联结的特点是粒间存在着结合水膜，其联结程度随含水量而变化，随着含水量的减少，由凝聚型联结转变为过渡（电桥）型联结。凝聚联结的重要特性是联结破坏具有可逆性，即破坏后会重新得到恢复，在低于极限值荷载的作用下，具凝聚结构的孔隙介质表现出典型的可塑性。过渡联结是由于水膜变薄彼此靠拢而形成的较牢固的联结。过渡联结的重要特性是其对水的不稳定性，即在卸除外荷或湿度增大时，发生水化并转变为凝聚联结。

此外，膨胀土中的碳酸盐以薄膜形式分布于黏土矿物表面或以结晶质充填于孔隙中，起胶结作用，增强了颗粒间的联结。

膨胀土中普遍发育有微孔隙及微裂隙，存在于叠聚体间或叠聚体内，而且孔隙与裂隙互相连通，微裂隙延伸方向基本上与叠聚体延伸方向一致。裂隙面的片状黏土矿物平行于裂隙面定向排列。

3. 膨胀土中的裂隙

膨胀土中普遍发育有各种形态的裂隙，其多裂隙性是区别于其他黏性土的重要特征之一。膨胀土中的裂隙按其成因可分为原生裂隙和次生裂隙。原生裂隙多为闭合状，裂面光滑常呈蜡状光泽，当暴露于地表时，受风化作用影响后裂面常张开。次生裂隙以风化裂隙为主，具张开状特征，多为宏观裂隙，一般由原生裂隙发展而成。

在膨胀土中，一般发育 2~3 组以上的裂隙。顶部 2 米左右范围为网状分布且规模较小的风化裂隙；其下为规模较大的闭合裂隙，这类裂隙的明显特征是裂隙壁发育有灰白色黏土，灰白色黏土主要由围界土（黄色、黄红色膨胀土）经水的淋滤作用形成。

灰白色黏土的物质成分、结构和力学性能与黄色、黄红色黏土有明显的差异，与黄色、黄红色膨胀土相比，蒙脱石含量显著增加。由于蒙脱石亲水性强，与水作用使土粒表面水膜增厚，致使裂隙面软化形成软弱面（带）。因而隙壁灰白色黏土的存在是导致膨胀土边坡失稳的重要原因之一。如我国焦枝、汉丹、襄渝、成昆等铁路线的膨胀土滑坡，几乎所有滑面都有灰白色黏土。

（二）膨胀土的物理力学性质

1. 膨胀土的物理性质

膨胀土形成时代较早，固结较好，因而孔隙比较小，干密度较大，多为 1.6~1.8 克/立方厘米。

由于膨胀土的黏粒含量高，而且黏粒又多为蒙脱石、伊利石，因此液限和塑性指数都高。多数膨胀土的液限 $w_L > 40\%$（强膨胀土的 $w_L > 60\%$），塑限 w_p 为 17%~35%，塑性指数 I_p 为 18~23。土的天然含水量与土的塑限比较接近，一般为 18%~26%，土在天然状态下，常处于硬塑及坚硬状态。

2. 膨胀土的超固结性

膨胀土多具有超固结性。土的超固结性是由于土体在应力历史上，曾受到过比现在自重应力大的上覆压力，因而孔隙比较小，压缩性较低，属中至低压缩性土。土的固结程度通常用超固结比来表征，即

$$R = \frac{P_c}{P_o} \tag{4-2}$$

式中 R——土的超固结比；

P_0——目前上覆土层的自重压力，kPa；

P_c——土的前期固结压力，kPa。

土的前期固结压力是指土层在历史上曾经受过的最大固结压力，是反映土层原始应力状态的一个指标，$R = 1$ 属正常固结状态，$R > 1$ 属超固结状态，$R < 1$ 则属欠固结状态。超固结膨胀土是膨胀土的一种主要类型。这种土的超固结比较高，如成都黏土的超固结比为

2~4，安康膨胀土的超固结比约为3。与正常固结土相比，超固结土工程性质要复杂得多，其应力与应变特性对建筑在土中结构物的安全具有十分重要的意义。如在其中开挖洞室时，超固结应力得以释放，表现为洞室的临空面（如顶部、边墙和底部）将出现超大变形，使工程破坏；对较深的路堑，边坡下部开挖卸载，超固结应力释放，也可引起深堑下部边坡产生超大变形而破坏。

3. 膨胀土的抗剪强度

膨胀土的物质成分和结构特征决定了膨胀土比一般黏性土更为复杂，在环境因素的影响下易于发生变化，因而抗剪强度具有如下特征。

（1）随土中水分含量而明显变化

膨胀土的含水量随环境而变化，当膨胀土呈风干状态，即空气相对湿度低于20%~30%时，膨胀土所持的水为黏土颗粒表面最活跃的吸附中心所吸附的岛状吸附水；随着湿度增大，膨胀土所持水为多层吸附水；当相对湿度大于90%时，便在颗粒活化表面形成渗透吸附水。不同性质的水影响着颗粒间的距离、联结力的性质和大小，从而影响膨胀土受力后的变形特征和强度。

（2）峰值强度与残余强度差值较大

由于残余强度是通过沿同一个剪切面重复多次剪切求得的，在重复剪切过程中，随着剪切变形的发展，土粒排列转向，呈平行于剪切面的定向排列，有利于水的渗入，致使剪切带含水率增大，呈现应变软化性质，强度显著降低，因而使得膨胀土的残余强度与峰值强度相比，出现较大的差值。

（3）具有显著衰减特性

在工程实践中，经常遇到在开挖边坡中产生滑坡，但也有许多是在施工开挖后历经较长时间才发生的。如老成昆铁路狮子山路堑滑坡，土体为成都黏土（膨胀土），施工后几年才发生滑动，表明土的强度随着时间的推移在不断衰减。强度衰减的机制，一方面由于开挖而产生卸荷膨胀；另一方面是由于风化营力（温度和水）作用下，土体往复胀缩变形，土结构遭受破坏，原有裂隙扩展并产生新的裂隙，致使土体强度显著降低。

三、膨胀土对工程建筑的危害及防治措施

（一）膨胀土对工程建筑的危害

前面已经指出，膨胀土具有遇水膨胀、失水收缩干裂的特性。因而在其上进行建筑，只要地基中水分发生变化，就能使膨胀土地基产生胀缩变形，从而导致建筑物变形甚至破

坏。一般高大建筑物，因基础荷载大，引起变形破坏者较少，而三层以下建筑，尤其是一般民房，变形破坏严重而且分布广泛。

膨胀土地区的铁路也常遭受膨胀土的危害，如我国南方在膨胀土地区的几条主要铁路干线，路基下沉、基床翻浆冒泥、边坡滑坡等病害十分普遍。不少边坡的防护工程屡遭破坏，甚至有的挡土墙也被滑坡剪断推移达7米之远，路基面隆起1~3米，危及行车安全。

在膨胀土中开挖地下洞室，常见围岩开裂、内挤、坍塌和膨胀等变形现象，导致隧道衬砌变形。膨胀土隧道围岩变形常具有速度快、破坏性大、延续时间长和整治较困难等特点。

（二）膨胀土的防治加固措施

1. 膨胀土地基的防治措施

膨胀土地基上建筑物的变形破坏，实际上是膨胀土地基变形破坏的直接反映。因此在膨胀土地区进行建筑时，为了防止由于膨胀土地基的胀缩变形而引起建筑物的变形破坏，除对建筑物的布置和基础设计采取措施外，最主要的是对膨胀土地基进行防治与加固，以防止或减小地基土的胀缩变形对建筑物的危害，常用且有效的措施可分为两类。

（1）防水保湿措施

防地表水下渗、防止土中水分蒸发，保持地基土湿度的稳定，从而控制膨胀土的胀缩变形，属于这类措施的有：

①在建筑物周围设置散水坡，并设水平和垂直的隔水层，散水坡宽一般2~5米，防止地表水直接渗入和减小土中水分蒸发。

②管理好排水系统，加强上、下水管和有水地段的防漏措施。地下热力管道等须设隔热层等。

③合理绿化，防止由于植物根系吸水造成地基土的不均匀收缩而引起建筑物的变形破坏，应根据树木的蒸发能力和当地气候条件合理确定树木与房屋之间的距离，一般树与建筑物地基的距离以不小于6~8米为宜。

④选择合理的施工方法，如基槽施工时，宜采取分段快速作业，施工过程中，基槽不宜暴晒或浸泡，应立即回填和分层夯实。

（2）地基改良措施

进行地基改良以消除或减小膨胀土的胀缩性能。常采用下列措施。

①换土法：挖除地基土上层约1.5米厚的膨胀土，填以非膨胀性土，如非膨胀黏性土、砂、砾石等，以填砂砾等粗粒土为最好。

②石灰加固法：将石灰水压入膨胀土，石灰与水相互作用产生氢氧化钙，吸收附近水分，而氢氧化钙与二氧化碳接触后形成坚固稳定的碳酸钙，起胶结土粒的作用。同时，钙离子与土粒表面的阳离子进行离子交换，使水膜变薄脱水，因此土的强度和抗水性提高。

2. 膨胀土边坡变形的防治措施

为防止边坡变形，首先在路基设计中，根据路基工程地质条件，正确确定路堑边坡形式。一般情况下，膨胀土路堑边坡要求一坡到顶。坡脚设置侧沟平台，其作用是防止滑体直接上道或堵塞侧沟。同时采取合理的防治措施。常用措施分为以下三类。

（1）地表水防护

目的是截、排坡面水流，使地表水不致渗入土体和冲蚀坡面。设置各种排水沟（天沟、平台纵向排水沟、侧沟），建成地表排水网系。

（2）坡面防护加固措施

在坡面基本稳定情况下采用坡面防护，对防止边坡变形能收到良好的效果。目前在膨胀土路堑坡面防护加固中，其主要措施有以下几种。

①植被防护：在坡面铺满草皮或种植根系发育、枝叶茂盛、生长迅速的灌木或者小乔木，使其形成覆盖层，以防地表水冲刷。

②骨架护坡：在坡面用片石浆砌成方格形或拱形骨架。骨架嵌入坡面深度一般不小于0.5米。主要用以防止坡面表土风化，对土体起支撑稳固作用。若单纯采用骨架护坡，在骨架内坡面冲蚀现象较普遍，因此多采用骨架护坡与骨架内植被防护相结合的措施，其效果更好。

（3）支挡措施

支挡工程是整治膨胀土滑坡常用而有效的措施。支挡工程有抗滑挡墙、抗滑桩、片石垛、填土反压、支撑等。

第四节　其他工程特殊土地质的危害与防治

一、软土的危害与防治

（一）概述

软土是软弱黏性土的简称，一般是指在水流缓慢的环境中沉积，有微生物参与作用，含有较多有机质，天然含水率大，孔隙比、压缩性高，承载能力低的一种软塑到流塑状态的黏性土。软土在我国分布很广，不仅在沿海地带及平原低地、湖沼洼地沉积着厚层的软土，在山岳、丘陵、高原区的古代或现代湖沼地区也有软土的存在。在城市和铁路建设中，很多地方都遇到了这类土。因此研究软土的工程地质特征、问题及其相应的防治措施是工程地质的重要任务之一。

（二）软土地基的变形和破坏

由于软土的性质是强度低、压缩性高、固结时间长，因此软土作为建筑物地基的主要问题是承载力低和地基沉降量过大。软土的容许承载力一般低于 100 千帕，有的只有 40~60 千帕。建筑规模稍大，就会发生过大的沉陷，甚至发展到地基被挤出。

在软土地区修筑路基时，由于软土抗剪强度低，抗滑稳定性差，不但路堤高度受到限制，而且易产生侧向滑移，常在路基两侧产生地面隆起、坍滑或沉陷。因此，在软土上修筑路堤时的主要工程地质问题是沉陷及滑动破坏。

（三）软土地基的加固措施

在软土地区进行建筑往往会出现地基强度和变形不能满足设计要求的问题，而且采用桩基、沉井等深基础在技术及经济上又不可能时，便采取加固措施来改善地基土的性质或增加其稳定性。地基处理的方法很多，大致可归结为下列几类：①土质改良的方法，即利用机械、电化学等手段增加地基土的密度或者使地基土固结的方法。如可用砂井、砂垫层、预压、大气压法、电渗法、强夯法等来排除软土地基中的水体以增大软土的密度；可用石灰桩、拌和法、旋喷注浆法等，使土固结以改善土的性质；等等。②用强度较高的土去换填软土的换填法。③补强法，即采用薄膜、绳网、板桩等来约束住地基土的方法，如铺网法、板桩围截法等。

如上所述，加固软土的方法很多，但必须根据软土的地质特征、地基的条件、建筑物的重要性及对地基的要求以及材料来源、施工机具和期限等技术、经济因素予以综合考虑，从中选择出最有效、最经济的方法。

在铁路建设中，软土地基上的路堤超过极限高度时，路堤的基底必须进行加固处理。在这方面，国内外均有丰富的经验。现将我国使用的方法简介如下。

1. 砂井、砂垫层

砂井是利用各种打桩机具击入钢管，或用高压射水、爆破等方法在地基中获得按一定规律排列的孔眼，并在其中灌入中、粗砂而成。砂井起着排水通道的作用，称排水砂井。砂井顶面设砂垫层或砂沟。软土地基设置砂井后，使地基排水固结过程加快，地基强度得以提高，当路堤较高、软土层较厚时，使用砂井加固效果良好。据我国的实践资料，砂井在下列情况下使用。

（1）路堤高度大于极限高度的 1.67~2 倍。

（2）路堤高度大于极限高度而小于极限高度的 1.67~2 倍，但地处良田和获取填料困难时。

（3）软土厚度大于 5 米。

砂垫层是在路堤底部地面上铺设一层较薄的砂垫层，其作用为在软土顶面增加一个排水面。在填土过程中，荷载逐渐增加，促使软土地基排水固结，渗出的水可从砂垫层排走。

2. 生石灰桩

生石灰桩其原理是由于生石灰（CaO）遇水反应生成熟石灰，生石灰吸收占其质量32%的水产生水化作用，而且体积增加一倍，同时由于熟石灰的毛细作用，使石灰桩周围的土体继续脱水。石灰桩的强力吸水作用使地基中孔隙水压力减小，有效压力增大，从而使土体压密，强度增大。

3. 旋喷注浆法

旋喷注浆法是将带有特殊喷嘴的注浆管，置入土层的预定深度后，以 20 兆帕左右压力的高压喷射流强力冲击破坏土体，使浆液与土搅拌混合，经过凝结固化，便在土中形成固结体。喷射时，喷嘴一面喷射一面旋转和提升，固结体呈圆柱状。在软土地基中设置这种柱体群，形成复合地基，从而提高地基的抗剪强度、改善土的变形性质。旋喷注浆法用于处理路基病害有明显的效果。

4. 换填土

以人工、机械或爆破方法将地基软土挖除，换填强度较高的黏性土或砂、砾石、卵石等渗水土，这一方法从根本上改善了地基的性质。当软土较薄时，采取全部换填在短期内便可收到满意的效果；当软土层很厚时，可对靠近地表部分进行换填。在液性指数较大的软土中，可采用抛石挤淤的措施强迫换土，施工简便迅速。

5. 电渗法（电渗排水）

在土中插入金属电极并通以直流电，饱水黏性土在通电时便产生电渗现象，水移向阴极并在该处聚集，因而可通过阴极的金属过滤管，用抽水方法排出管中的水分，以达到疏干、加固土体的目的。

6. 侧向约束

在路堤两侧设置木桩、板桩、钢筋混凝土桩或片石齿墙等，以限制地基土的侧向流动。这种加固措施效果好而且可靠，但费用高，因而使用较少。

7. 反压护道

在路堤两侧填筑一定宽度和一定高度的护道，利用护道的反压作用以保持地基的稳定。这种方法对地基不做处理，只是改变路堤本身的结构形式。

反压护道土方量大、占地面积大，因此适用于非耕作区和土料丰富的地区。为了保证护道本身的稳定，其高度不能超过极限高度，一般采用路堤高度的 1/3~1/2 较为合适。

二、冻土的危害与防治

（一）冻土概述

冻土是指温度等于或低于 0℃，并含有冰的各类土。若只是温度等于或低于 0℃ 但不含冰的土叫冷土。冻土分多年冻土和季节冻土。多年冻土是冻结状态持续两年或三年以上不融的冻土。季节冻土是受季节影响，冬季冻结，夏季全部融化，呈周期性冻结、融化的土。

多年冻土在平面上的分布，可分为三种情况。

1. 连续分布多年冻土。

2. 连续分布多年冻土中有融区。

3. 岛状多年冻土。

在垂直剖面上可分衔接多年冻土和不衔接多年冻土两种情况。多年冻土常存在地表下一定深度，其上部接近地表的部分，往往受季节影响，冬冻夏融，这部分称季节融冻层。在冬季若季节融冻层一直冻结到多年冻土层的上限，则称为衔接的多年冻土；达不到多年冻土层上限，中间存在一层不冻层的，便称为不衔接多年冻土。

多年冻土在世界分布极广，约占陆地面积的 2%。我国多年冻土主要分布于青藏高原、西部高山地区（喜马拉雅山、祁连山、天山、阿尔泰山等）、东北大小兴安岭以及东部地区一些高山顶部。季节冻土在我国的华北、西北、东北广大地区均有分布。

（二）冻土的组成

冻土一般由四相物质组成，即固体颗粒、冰、未冻水和气体。

1. 固体颗粒

固体颗粒是冻土成分的主体，颗粒大小、形状、矿物成分、化学成分、比表面积、表面活动性等，对冻土的性质和在冻土中所产生的作用都具有重要影响。

2. 冻土中的冰

冻土中的冰称地下冰，是冻土存在的基本条件，也是冻土的重要组成部分之一。地下冰的形成和融化使冻土层的结构构造发生特殊的变化，使冻土具有特殊的物理力学性质。地下冰按产状及成因分为组织冰、脉冰和埋藏冰。

（1）组织冰

组织冰又称构造冰，是潮湿土在冻结过程中形成的，是分布最广、数量最多的地下冰。组织冰可细分为分凝冰、胶结冰和侵入冰。

①分凝冰又称析出冰，是含水量较大的细粒土层冻结时，由于水分迁移产生聚冰作用而形成。其晶体较大，可形成较厚的冰层、冰透镜体。在青藏高原地区、大兴安岭广阔地区，厚层地下冰呈互层状。如在楚玛尔河高平原上，有的冰层总厚度可达一二十米以上，含冰体积50%左右。在山岳、丘陵区或大兴安岭山间洼地，地下冰呈透镜状分布，且在冰体中含泥块、石块。这种冰常由于温度的变化导致冻土产生较大的变形和破坏，对工程建筑危害很大。

②胶结冰，是含水较少的粗粒土层冻结时或者快速冻结任何含水的土层时，基本上没有水分迁移而造成的聚冰作用，仅由土孔隙中或土粒接触处的水在原地冻结而成。冰晶对土粒起胶结作用。

③侵入冰由重力水在压力作用下迁移、冻结而成。多发生在多水的粗粒土层中，易形成不均匀冻胀，产生冰丘、冻胀丘等冻土地貌。

（2）脉冰

脉冰由地表水渗入冻土裂隙中冻结而成，脉冰多呈楔状，常贯穿到多年冻土的深处。楔状冰对围岩的破坏作用，称冰劈作用。

（3）埋藏冰

埋藏冰是原来在地表形成的冰（如冰锥、河冰、湖冰、冰川冰等）后来被堆积物掩埋而形成。

3. 冻土中的未冻水

未冻水是指土在负温条件下存在于冻土中的液态水，主要是结合水。因为结合水受到土粒表面静电引力的作用，要使其冻结，除了要克服普通液态水中的分子引力以外，还要克服土粒表面对这部分水的引力，因此水的冰点降低，强结合水在-78℃开始冻结，弱结合水在-30~-20℃时才全部冻结，毛细水的冰点也稍低于0℃。所以在负温条件下，冻土中仍有一部分水不冻结。

冻土中未冻水含量取决于土的负温度、土的分散性、外部压力及水溶液的离子浓度。

冻土中未冻水含量随着冻土中负温度变化而变化，即随着冻土温度降低，未冻水减少，含冰量增加，土粒越细，在相同负温条件下，其未冻水含量也就越多。各类土未冻水含量的变化取决于冻土的温度，而与冻土的总含水量无关。同一温度条件下，各类冻土中未冻水含量的排列顺序为：黏土>砂黏土>黏砂土>砂土。土中若含有盐类，会使土的冻结温度降低及土粒表面结合水膜减薄，从而影响土中未冻结水含量。压力也可以改变冰的融化温度，在正常压力下，冰在0℃融化，如果加大压力，则在负温条件下融化，形成未冻水，未冻水含量随外部压力增大而显著增加。这是由于在外部压力作用下，土粒接触点上会产生巨大的接触应力，促使冻土中的冰融化，从而使未冻水含量增加。

（三）冻土的结构特征

冻土的结构类型决定于土的物质成分和冻结条件，根据有无析出冰体及其形态、分布土特征，可分为三种结构类型。

1. 整体结构（块状结构）

具有整体结构的冻土，冰晶散布于土粒间，肉眼甚至看不出冰晶，冰与土粒呈整体状态。其形成是由于地温下降很快，土中水冻结很快，来不及迁移即冻结。具有整体结构的冻土，其特点是具有较高的冻结强度，融化后仍保持原骨架结构，其工程性质变化不大。

2. 层状结构

具层状结构的冻土，是潮湿的细分散土，在冻结速度较慢的单向冻结条件下，伴随着水分迁移及外界水的补给，形成透镜体或薄层状冰夹层，土中出现冰与土粒的离析。冰夹层垂直于热流方向，层状分布于土体之中，冰、土呈互层状。融化后，骨架受到破坏，冻土的工程性质变化较大。

3. 网状结构

网状结构是在有水分迁移及水分补给的多向冻结条件下，形成不同形状和方向的分凝冰，交错成网分布于土体之中，融化后呈可塑、流塑状态，工程地质性质变化较大。

（四）冻土地区的不良地质现象

1. 冻胀及冻胀丘

冻胀是指土在冻结过程中，土中水分冻结成冰，并形成冰层、冰透镜体及多晶体冰晶等形式的冰侵入体，引起土粒间的相对位移，使土体体积膨胀的现象。冻胀的外观表现是土表层不均匀地升高，常形成冻胀丘及隆岗等。

含有粉黏粒的冻土，在其冻结前后，土体内水分产生重分布的现象。土体内水分重分布情况与冻结时有无地下水补给有关。一种是无地下水补给情况，通常称为封闭体系，在封闭体系条件下，冻结过程中水分仅在冻土内产生重分布现象，冻结峰面自上而下地移动，土中水分便向冻结峰面迁移。由于冻结时水分向上部迁移，下部含水量就明显减少。另一种情况，有地下水补给时，通常称为开敞体系。在开敞体系条件下，下卧土体的水分向冻结峰面迁移时，可以得到地下水源补给，整个土体冻结后的含水量相比冻结前都有较大幅度的增加。土体中水分向冻结峰面迁移，发生聚冰作用，使土粒和冰分异，形成冰夹层、冰透镜体等而引起土体强烈膨胀。

土冻结过程中的水分迁移现象发生在已冻土和未冻土的接触带，以及已冻土内由于未冻水的迁移引起的"次冻胀"现象。水分迁移的动力在接触带，主要为薄膜水移动及毛细作用。在已冻土带内，主要是未冻水沿着薄膜水范围内发生移动。

水分迁移和冻胀的强弱与土的性质及冻结条件有关。粉质砂黏土、粉质黏砂土中水分迁移最为强烈，故冻胀性最强，砂砾土冻结时，一般不产生水分迁移，则冻胀性很小。土冻结时，有无外部水源补给，对冻胀量有很大影响。土体在冻结过程中如有外来水分的补给，往往在土中能形成很厚的冰层，因而产生强烈的冻胀。实践也证明，发生强烈冻胀的地段，往往是距离地下水面很近的地段。

冻胀丘是指土体由于冻胀隆起而形成的鼓丘。一般是每年的最冷月份隆起，夏季融化时消失，所以叫季节性冻胀丘。其形成是由于冬季土层由上而下冻结时，缩小了地下潜水的过水断面，使地下水承压。在冻结过程中水向冻结峰面迁移，形成地下冰层。随着冻结深度的增大，当冰层的膨胀力和水的承压力增加到大于上覆土层的自重应力时，地表发生隆起，因而形成冻胀丘。在青藏高原上还可见到一种冻结层下水补给而形成的多年冻胀丘，其规模较季节性冻胀丘大，而且终年存在。

2. 冰锥

冒出地表和冰面的水，被冻结成丘状的冰体称为冰锥。冰锥分为泉冰锥和河冰锥两种。泉冰锥是常年出露的地下水所形成的冰锥，多分布在山麓洪积扇边缘、洼地和坡脚等处。河冰锥是由冬季河水表层冻结以后，河水渐具承压性，上部冻得越厚，下部流水受压越大，当压力增加到一定程度时，就冲破上覆冰层的薄弱点向外溢出冻结而形成，一般分布在河漫滩和河床上。此外由于人类工程活动，阻截了地下水的通路，如果处理不当，也会引起冰锥的形成。如路堑挖方截断地下水，地下水从路堑边坡流出，冻结后形成路堑挂冰，甚至淹没道路。

3. 热融滑坍

由于自然营力作用（如河流冲刷坡脚）或人为活动影响（挖方取土）破坏了斜坡上地下冰层的热平衡状态，使冰层融化，融化后的土体在重力作用下沿着融冻界面而滑坍的现象，称为热融滑坍。

热融滑坍按发展阶段和对工程的危害程度，可分为活动的和稳定的两类。稳定的热融滑坍是那些由于自埋作用（即坍落物质掩盖了坡脚及其暴露的冰层）或人为作用，使滑坍范围不再扩大的热融滑坍。活动的热融滑坍，是因融化土体滑坍使其上方又有新的地下冰暴露。地下冰再次融化产生新的滑坍，其边缘发展到厚层地下冰分布范围的边缘时，也将形成稳定的热融滑坍。

由于地面坡度不同或发展阶段不同，热融滑坍有许多不同的表面形态。在地表坡角小于3°的地方，很少发生滑坍，在有热融作用时，只发生沉陷；坡角为3°~5°的山坡上，常常形成圈椅形沉陷式滑坍；大于5°的山坡，可形成长条形牵引式滑坍。热融滑坍开始形成时呈新月形，以后逐年不断向斜坡上方溯源发展形成长条形、支岔形等。每年可溯源数米到数十米，直到山顶或冰层消失为止。坡角大于6°的山坡很少发现热融滑坍。

热融滑坍可能使建筑物基底或路基边坡失去稳定性，也可能使建筑物被滑坍物堵塞和掩埋。由于热融滑坍呈牵引式缓慢发展，不致造成整个滑坍体同时失去稳定；且滑坍以向上发展为主，侧向发展很小；滑坍的厚度不大，一般为1.5~2.5米，稍大于该地区季节融化层厚度，因而对工程建筑物的危害往往不是恶性的，防治难度较小。

4. 融冻泥流

缓坡上的细粒土，由于冻融作用，土结构破坏，土中水分受下伏冻土层的阻隔不能下渗，致使土体饱和甚至成为泥浆，在重力作用下，沿冻土层面顺坡向下蠕动的现象称为融冻泥流。

融冻泥流分为表层泥流和深层泥流两种。表层泥流发生在融化层上部，其特点是分布广、规模小、流动较快；深层泥流一般分布在排水不良、坡角小于10°的缓坡上，以地下冰或多年冻土层为滑动面，长几百米，宽几十米，表面呈阶梯状，移动速度缓慢。

5. 热融沉陷和热融湖

因气候转暖或人为因素，改变了地面的温度状况，引起季节融化深度加大，导致地下冰或多年冻土层发生局部融化，上部土层在自重和外部压力作用下产生沉陷，这一现象称为热融沉陷。当沉陷面积较大，且有积水时，称为热融湖。热融湖大多数分布在高平原区地面坡角小于3°的地方。

热融沉陷与人类工程活动有着十分密切的关系。在多年冻土地区，铁路、公路、房屋、桥涵等工程的修建，都可能因处理不当而引起热融沉陷。例如，房屋采暖散热使多年冻土融化，在房屋基础下形成融化盘，在融化盘范围内，地基土将会产生较大的不均匀沉陷。在路基工程中，由于开挖，挖除了原来的天然覆盖层，或建成后路堤上方积水、路堤下渗水，都能造成地下冰逐年不断融化，致使路基连年大幅度沉陷以至突陷。

(四) 建筑物冻害的防治措施

冻土地区的铁路、工业及民用建筑等普遍存在严重的冻害问题。冻胀和热融沉陷是建筑物冻害中最普遍的现象，严重威胁着建筑物的稳定和安全。为保证建筑物的稳定和安全，必须做到合理的选址和选线，以及正确选定建筑原则，尽量避免或最大限度地减轻冻害的发生，在不可能避免时，采取必要的防治措施。

防治冻害的方法有许多种，但可归纳为两类：一类为消除或削弱冻因的措施，即地基处理措施；另一类是增加建筑物抵抗和适应融冻变形能力的措施，即结构措施。在此只介绍地基处理措施。

1. 冻胀防治措施

(1) 换填法

在防治冻害的措施中，换填法是采用最广泛的一种。在路基冻结深度范围内，用粗砂、砾砂、砂卵石等非冻胀性土置换天然地基的冻胀性土，是防止建筑物基础遭受冻害的可靠措施。在铁路建设中常用砂砾垫层进行换填，垫层厚度为 0.8~1.5 米，基侧为 0.2~0.5 米。基床表层级配碎石要求满足颗粒粒径 d≤0.075 毫米含量（质量比）不大于5.0%，压实后不大于 7.0%；防冻层内采用颗粒粒径 d≤0.075 毫米含量不大于 15% 的不冻胀填料（平均冻胀率≤1 且级配良好的碎石及砾、粗、中砂）。在换填土层表面，夯填0.2~0.3 米厚的隔水层，以防止地表水渗入基底。

观测试验表明，砂砾路堤填料，若采用砂砾填料换填成为新路提，路堤在 3 米高的范围内，则路堤每增高 1 米，冻土上限升高 0.9 米。采用此措施，可以大大减轻换填基底层的冻胀。对于冻深较深部分路段，为防止冻胀破坏路堤边坡，当路基填土高度大于 3 米时，在路堤边坡设置防冻胀护道，护道高度和宽度不小于当地季节最大冻深。

(2) 片石通风路基

主要由路基土体、片石通风层和防水层构成。其中片石通风层厚度应适宜。此外，为保证一定的孔隙度和防止水流侵入，须设置一定厚度的过渡层和防水层。

倾填片石通风路基是一种保护冻土的工程措施，其工作原理是：在寒冷季节，冷空气有较大的密度，在自重和风的作用下使片石间隙中的热空气上升，冷空气下降并进入地基；而在温暖的季节，热空气密度小，很难进入地基，类似于热开关效应。

此外，有关研究结果初步认为，片石层路堤由于其孔隙性大，空气可在其中自由流动或受迫流动，当暖季表面受热后，热空气上升，片石中仍能维持较低温度，其中的对流换热向上，因此传入地中的热量较少；寒季时，冷空气沿孔隙下渗，对流换热向下，较多的冷量可以传入地基中；片石的热传导量在寒季和暖季可能大体相等。但导热在整个热传输过程中占的比例较小，所以片石路堤的综合效果是冷量输入大于热量输入。此外，抛石堆体内较大的孔隙和较强的自由对流使得冬夏冷热空气由于空气密度等差异而不断发生冷量交换和热量屏蔽，其结果有利于保护多年冻土。

通风基础在多冰冻土区对于保护地基土冻结状态具有优势，被国内外广泛应用于冻土区房屋建筑。在研究抛石对多年冻土的保护作用时，结合抛石的尺寸及一些前期使用效果，发现在多年冻土地区的路基工程中采用适当尺寸的抛石作为填料，可有效减缓多年冻土地区路基下冻土的融化或促使其上限人为抬升，增加冻土地区路基的稳定性。根据抛石的各种特性和前期使用效果以及一般施工中不考虑大的边坡防水问题，初步认为其石料的施工尺寸粒径应为 20~40 厘米。

从青藏高原热水、风火山和东北大兴安岭的试验路堤研究及苏联西伯利亚贝阿铁路的运营情况来看，用粗颗粒材料，特别是用片石、大块石等碎石材料作为路堤填料、路堑换填料和护坡、护道填料有许多优点。它可充分利用冬季冷储量和夏季冷热空气密度上的差异对流特点来维持冻土上限的热平衡，保持路基下冻土上限位置或促使上限上升。

块石层的有效导热系数在冬季和夏季具有明显区别。根据观测结果，由表面融化时的融化指数和表面冻结时的冻结指数可得到块石层的有效导热系数，夏季有效导热系数是 1.006 瓦/米·度，而冬季有效导热系数是 12.271 瓦/米·度，该系数在冬季是夏季的 12.2 倍。可见，抛石及块片石通风路堤对多年冻土具有很好的保护作用。

（3）排水隔水法

水是产生冻胀的决定因素。因此，只要能控制水分条件，就能达到削弱或消除地基土冻胀的目的。排水隔水法的具体措施为降低地下水位和减少季节融冻层范围内土体的含水量、隔断水的补给来源和排除地表水等方法。

在工业及民用建筑物附近不应有积水坑存在。同时还应设置排水系统，以便及时排除地表水及生产、生活污水。在房屋周围地表要设置散水坡以防雨水渗入基础。为降低地下水位和排除基础周围的水分，可在基础两侧（或底部）铺填砂砾石料并用排水管与基础外的排水沟相连。

在路基工程中，为防排地表水，可设置截水天沟、侧沟或挡水堆；为截断地下水，可设置截水暗沟，排除路基中融化期的水分，降低路基中的地下水位或截断和排除地下水流向路基，在路基中可设置盲沟。为了防止地下水通过毛细作用进入路基上部，通常在路基中设置隔离层。隔离层分透水性和隔水性两种。透水性隔离层用砂砾、碎石、炉渣等做成，厚度一般为10～15厘米，隔离层孔隙较大，可降低毛细上升高度，防止地下水通过毛细作用进入路基上部。隔水性隔离层可用各种不透水材料做成，常用沥青制品填料，厚3～5厘米。

整治冻胀丘与泉冰锥的主要方法是改变整个冰锥或冻胀丘所在场地的水文地质条件，切断补给水源，加强其排水能力。主要措施有：

①冻结沟。即在冰锥或冻胀丘所在场地的上游开挖与地下水流相垂直的天沟。在冻结季节前，它是排水沟。在冻结季节，沟下土层首先冻结，便形成了一道冻结"墙"。冻结沟也起到拦截地下水的作用。实践证明，这种方法适合于含水量较小、隔水底板埋藏不深的地段。

②截水墙。用于隔水底板埋藏较深地段，截水墙可以单独使用，也可以与冻结沟联合配置。

③保温排水渗沟。保温排水渗沟可以有效地将冰锥或冻胀丘所在场地的地下水排到河谷或远离建筑群的洼地。

④抽水以形成降水漏斗。如果含水层较厚，用前几种措施未能奏效，则要设开采孔以抽取地下水，形成降水漏斗，这是整治冰锥和冻胀丘所在场地的比较彻底的办法。

（4）保温法

在建筑物基础底部或周围设置隔热层，增大热阻，防止冷流进入地基，减少水分迁移，以减轻冻害。在路基工程中常用草皮、泥炭、炉渣等作为隔热材料。近年来加拿大和美国北部采用聚苯乙烯泡沫塑料做隔热层。据加拿大工程部门的经验，1厘米厚的泡沫塑料保温层相当于14厘米厚填土的保温效果。

聚苯乙烯泡沫塑料（Expanded Polystyrene）保温板作为对路堤的保温和隔热材料在青藏高原多年冻土区进行了现场试验应用，取得较好的效果。

（5）物理化学法

物理化学法是在土体中加入某些物质，以改变土粒与水之间的相互作用，使土体中的水分迁移强度及其冰点发生变化，从而削弱土冻胀的一种方法。

①人工盐渍化法改良地基土

这种方法是在土中加入一定量的可溶性无机盐类，如氯化钠（NaCl）、氯化钙（CaCL）等，使之成为人工盐渍土，从而可使土中水分迁移，强度和冻结温度降低。例如北方一火车站区，由于排水不良出现冻胀，为了保持线路正常运行，在地基中采用灌入氯化钠的方法，降低了冰点，从而将冻胀变形限制在允许的范围内。

②用憎水性物质改良土

用在土中掺入少量憎水性物质（石油产品或副产品）和表面活性剂的方法来改良土的性质。由于表面活性剂使憎水的油类物质被土粒牢固吸附，削弱土粒与水的相互作用，减弱或消除地表水下渗和阻止地下水上升，使土体含水量减少，从而可削弱土体冻胀及降低地基与基础间的冻结强度。

2. 融化下沉的防治措施

工程建筑物的修建和运营，对多年冻土地基将产生热变迁的重要作用，使得原有热平衡条件发生变化，导致多年冻土上限下降，因而产生融化下沉。

在多年冻土上限附近分布着一层地下冰层，冰层中浮有部分黏土块或碎石，厚度从十几厘米到四五米。不破坏其埋藏条件和热平衡状态的情况下，地下冰将保持其稳定状态。由于建筑物兴建，破坏了原有的热平衡状态，地下冰融化将导致相当大的融化下沉和边坡坍塌。

防治融化下沉的方法有许多种，但广泛采用的是隔热保温法。即用保温性能较好的材料或土将热源隔开，保持地基的冻结状态。多年冻土地区的铁路建设中，防止路基热融下沉多采用保温路堤断面。路堤高度大于2米，基底反扣塔头草，两侧做保温护道。保温材料，如塔头草、草皮、泥炭及黏土等可就地取材。实践证明，凡采用保温路堤形式通过多冰地段，只要处理好地表水，避免在线路上方积水，路堤附近地表不遭破坏，且选择好施工季节，路堤下多年冻土上限虽有所提高，但线路运营仍比较正常。对在饱冰冻土及含土冰层地段的路堤，选用保温、隔水性能好的土，部分或全部换填基底的饱冰土或含水冰层，也收到良好的效果。

此外，在青藏铁路中采用"低温热棒"技术来冷却地基，防治冻胀和沉融，增加地基强度，保证地基的稳定性。热棒是一种两相液汽对流循环热传导系统，它实际上由密闭真空腔体注入低沸点物质（氨、氟利昂等）而构成。热棒的上部装有散热片，下部埋入冻土中。当环境温度低于热棒周围冻土层温度时，热棒中的液体物质吸收冻土中的热量，蒸发为气体运移至热棒上部冷却成液体后回流；当环境温度高于冻土层温度时，由于热棒的单向导热性，环境热量无法传导到冻土中，从而达到冷却地基的目的。

3. 堑坡滑坍防治措施

防治堑坡滑坍往往采用换填土、保温、支挡、排水等措施。换填厚度应足以保持堑坡处于冻结状态。防护高度小于3米时，可采用保温措施，将泥炭或草皮夯实，并在夯实的坡面上满铺活草皮或将活草皮块水平迭砌,铺砌的厚度应满足保温要求。当防护高度为 3~6 米时,可采用轻型挡墙护坡。防护高度大于 6 米时,则采用挡墙与保温相结合的方法。在堑顶外一定距离设挡水墙,墙外设排水沟,可以改变多年冻土的上限。由于挡水堤下的多年冻土上限上升形成冻土核,另外排水沟下的冻土上限下降,多年冻土层上的地下水可被冻土核挡住。

　　总体而言,在实际工程应用中,只采用某一种方法无法彻底解决冻胀问题,所以需要根据工程实际有所侧重地将多种防治措施进行有机结合。

第五章 危岩灾害及防治

第一节 危岩灾害基础

一、危岩的成因

危岩主要发生在裂隙发育的山体表层，该处坡面角较陡、基岩裸露、物质组成主要为硬质岩，岩石硬度一般为 3~4 级，如石灰岩、白云岩、砂岩等。

危岩体由若干组结构面切割而成，即层面、节理及裂隙面。其形成受构造边坡卸荷回弹等影响，在长期的风化作用下，溶蚀性裂隙发育，形成了危岩体的趋形。在重力及外营力长期作用下，危岩体沿潜滑面向下的分力大于结构面抗滑阻力时，产生崩滑。

二、危岩分类原则

（一）现场易识性

目前，在危岩勘察过程中，勘察工程师的主观因素所占分量很重，不同的工程师对于同一个危岩体所给出的范围大小、形态外貌以及主控结构面位置、连通率、张开度等均出现较大偏差，其根本原因在于实际工程中的危岩体形态变化较大、所处位置较高较远、危岩体内部不可视、危岩体表面植被及相关覆盖层较厚，因此，危岩勘察识别是一个多因素耦合、学术含量较高的技术问题。现场易识性系指通过已构建的危岩识别指标体系在现场易于识别危岩体类型的分类原则。

（二）力学机理明确性

目前把危岩分为滑塌式危岩、倾倒式危岩和坠落式危岩三类，这种分类方案的缺点是不能判别危岩体可能存在的力学机理，导致在进行危岩防治工程设计时，防治技术选用时指导性不强，甚至出现将实际受拉的危岩体部位视作受压状态进行设计。在三峡库区三期地质灾害防治工程设计中，部分设计人员出现了将锚杆、锚索作为受压构件的严重错误。因此，危岩分类应体现危岩体变形破坏的力学机理，尤其要体现危岩处于拉、压、剪三种受力状态及其不同组合的受力状态。

（三）失稳模式预判性

危岩分类体现失稳模式也是极为必要的，可为预测危岩失稳后的可能致灾路径、范围提供依据，以及为选定危岩治理重点部位提供依据。目前把危岩失稳模式分为滑移、倾倒和坠落三种，经过实践检验是合理的。

三、危岩的分类

（一）根据其破坏方式分类

危岩根据其破坏方式的不同可分为滑塌式、坠落式和倾倒式三种类型。

1. 坠落式危岩

坠落式危岩的危岩体下部受结构面切割脱离母岩，上部及后部与母岩尚未完全脱离。危岩体底部临空，临空的原因或者是由于危岩体下部软岩的快速风化而成岩腔，或者是由于下部先期危岩体崩落后的渐进发育，属于主控结构面剪切滑移失稳。

坠落式危岩的破坏机理主要体现在主控结构面的剪切破坏。

2. 滑塌式危岩

滑塌式危岩的危岩体后部存在与边坡倾斜一致的贯通或断续贯通的主控结构面，倾角较缓，剪出部位多数出现在陡崖或斜坡，也可能出现在危岩体基座岩土体中，危岩体沿着主控结构面剪切滑移失稳。

滑塌式危岩主要是在荷载作用下主控结构面的压剪破坏。

3. 倾倒式危岩

倾倒式危岩的危岩体后部存在与边坡坡向一致的陡倾角贯通或断续贯通的主控结构面，危岩体底部局部临空，危岩体重心多数情况下出现在基座临空支点外侧，支点为中风化岩层外缘点，危岩体可能围绕支点向临空方向旋转倾倒破坏。

倾倒式危岩的破坏机理主要表现为主控结构面在荷载作用下的拉剪破坏。

（二）根据单体和群体分类

可把危岩分为单体和群体两大类型，群体由单体叠置组合而成。基于前述危岩分类原则，可将危岩单体分为压剪滑动型危岩、拉剪倾倒型危岩、拉裂坠落型危岩和拉裂-压剪坠落型危岩四类，将群体危岩分为底部诱发破坏型危岩和顶部诱发破坏型危岩两类。

1. 单体危岩分类

（1）压剪滑动型危岩

此类危岩的主控结构面（Control fissure）倾角较小，一般在45°以下，为陡崖或陡坡内缓倾角的卸荷拉张结构面或缓倾角地层弱面。危岩体重心在主控结构面内侧，主控结构面所受荷载主要为危岩体自重及作用在危岩体的地震力及裂隙水压力。危岩体沿着主控结构面滑移变形、破坏，呈现压剪破坏力学机理。

（2）拉剪倾倒型危岩

此类危岩的主控结构面倾角变化较大，一般大于25°，多为陡崖或陡坡的卸荷张拉结构面，且主控结构面下端部潜存于陡崖或陡坡岩体内。危岩体的重心位于主控结构面外侧是此类危岩的关键，在荷载作用下通常围绕主控结构面的下端部或下端部与凌空面的交点旋转倾倒破坏，危岩体呈现拉剪破坏力学机理。

（3）拉裂坠落型危岩

此类危岩体后部为倾角大于80°的卸荷结构面或断裂结构面，多数处于基本贯通状态；危岩体顶部为主控结构面，近于水平，其逐渐扩展贯通诱发危岩体变形与失稳坠落。危岩体在荷载作用下主控结构面拉裂是控制危岩体变形与稳定的力学机理。

（4）拉裂-压剪坠落型危岩

此类危岩主要受控于两条主控结构面，即近于水平的主控结构面1和倾角小于80°的主控结构面2，分别属于拉裂及压剪力学机理。

危岩体在荷载作用下首先是主控结构面1逐渐受拉扩展，扩展至一定程度时危岩体沿着主控结构面2滑移变形，变形达到阈值后整体失稳坠落。

2. 群体危岩分类

（1）顶部诱发破坏型危岩

该类危岩的主控结构面倾角一般大于70°，底部端部潜存于稳定岩体内。危岩体由多个危岩块体叠置构成，底部一块或两块危岩体的重心位于主控结构面以外且具有倾倒失稳破坏趋势，上部危岩块体的重心一般位于主控结构面以内，危岩块体之间的界面近于水平且胶结强度较低。此类危岩的关键块体为顶部危岩块体，对底部危岩块体具有反压作用，关键块体崩落或清除将劣化整个危岩体的安全状态。

（2）底部诱发破坏型危岩

该类危岩的主控结构面倾角一般小于70°，底部端部在陡崖或陡坡凌空面出露。危岩体由多个危岩块体叠置构成，危岩块体之间的交接面倾角较小且胶结强度低，底部危岩块体为关键块体。关键块体失稳后，上部危岩块体易于连锁变形失稳。这种危岩类型符合危岩发育的链式规律，属于微观链。

四、危岩地质灾害评估

危岩地质灾害评估是一项非常复杂的工作，危岩地质灾害评估的分类按性质可分灾害风险性评估、灾害的损失评估、灾害的生态环境评估等。

（一）危岩地质灾害的风险性评估

危岩地质灾害风险的概念：风险是人们日常生活中经常面对的问题，但对其概念却有不同的理解。一般认为风险是与损失相关联的概念，有"主观风险"学派和"客观风险"学派之分。另外还有的学者认为，风险不只是损失的不确定性，还包括盈利的不确定性，对灾害风险的理解也各有不同。

（二）危岩地质灾害风险评估的内容

危岩地质灾害风险评估主要包括以下内容和过程。

1. 灾害模型

确定相关区域一定时段内特定强度的危岩地质灾害事件的发生概率或重现期，获取灾害发生的超越概率，并建立灾害强度–频率关系。

2. 抗灾性能模型

确定遭受灾害影响的可能区域以及其内部的主要建筑、固定设备、内部财产以及人口数量、分布、经济发展水平等。

3. 灾害风险区价值模型与风险损失估算

价值模型是指确定危岩地质风险区内不同承灾体的价值，以及价值的计算方法。风险等级划分：根据灾害风险区风险损失的大小，划分风险等级，并在此基础上确定不同风险等级的空间分布状况，绘制风险图。

（三）危岩地质灾害危险评估方法

确定判别区段危险性的量化指标根据"区内相似区际相异"的原则采用定性、半定量分析法进行工程建设区和规划区地质灾害危险性等级计算。常用方法有综合指数法、参数叠加法、模糊数学评判法、信息量法和人工神经网络法等。

(四) 区划方法

危岩地质灾害空间评价区划方法的选择取决于工作目的和工作尺度。一般可考虑两种方法：一是从高到低的方法；二是从低到高的方法；或二者结合考虑。

1. 从高到低的方法

从高到低的方法是一种先综合再分解的工作方式，一般以定性分析为主，可能情况下对主要因子予以赋值给出量的概念。这种方法比较适用于小比例尺地质灾害空间区划图的编制和分区评价。由于是在综合意义上的分解工作，就要求研究者在区域地质灾害调查研究方面有较扎实的理论基础。对以往资料的收集分析比较系统全面，对所要研究评价的地区比较熟悉，能够比较准确地列出不同级别评价单元的主要影响因素。一般采用工程地质比拟法、成因历史分析法。

2. 从低到高的方法

从低到高的方法是一种先分析再综合的工作方式，一般是按某一尺度选定一系列评价单元、方格、行政区或自然搜索。对各单元按同一套因子定量、量化、计算，最后把数值接近的单元合并同类项。研究建立空间数据处理的数学方法可采用图斑合并方法——传统聚类方法，基于空间邻接系数的聚类方法等。重复这种方法，直至达到工作目的。工作过程中注意不同级别的分区要采用不同的因子系列，并尽可能用量化指标表达。适宜采用各类统计数学方法。

第二节　危岩防治工程设计、施工与监测

一、防治工程设计原则

危岩防治是一个比较复杂的系统工程，应坚持以地质灾害防治系统工程方法论为指导思想，充分认清危岩发育的环境条件，合理分类，拟订有效的治理方案。在具备支撑条件时，尽可能采用支撑技术或具有支撑性能的综合防治技术，谨慎使用清除技术。高度重视危岩体边界及体内地下水的有效排泄，控制危岩失稳的关键因子。在充分排、隔水的情况下进行治理，减弱乃至消除水体对危岩稳定的不利影响。治理与监测相结合、主动防治与被动防护相结合、永久治理与临时防护相结合，体现危岩防治工程的宏观综合性和危岩单

体防治的微观综合性。采取多种措施，确保危岩稳定，既保证工程安全，也给人们心理上的安全感。

（一）基本规定

1. 危岩防治工程的安全等级，应依据危岩体失稳后影响区范围内建（构）筑物的安全等级确定，分为一、二、三级。

2. 危岩防治工程根据危岩区的地形地貌、危岩体大小及其破坏模式可采取支撑、锚固、充填、灌浆封闭、排水、清除、拦石墙（堤）、拦石网及挂网、防护林等措施进行综合治理。

3. 清除危岩时，应预先设置有效的防护措施，避免造成次生灾害。清除危岩后，应有监测措施，并加强监测。破裂岩体危岩，不宜采用清除方案。

4. 危岩防治工程设计，应取得如下相关基础资料。

①危岩体平面分布图、卸荷带范围。

②危岩体的几何形状、规模大小及物质组成，并绘出平、剖、立面图（含基座及基座内中风化岩层外缘点）。

③危岩结构面组数、产状及组合，并用图件表明。

④主控结构面的抗剪强度参数、母岩岩石抗剪强度参数与抗拉强度、危岩基座状况及其物理力学参数。

⑤危岩稳定性评价。

⑥危岩体内部及其周围的水文地质条件。

⑦危岩失稳后，影响区的范围大小、区内的建（构）筑物分布及规划设计资料。

（5）危岩稳定性分析时视具体情况考虑裂隙水压力。滑塌式危岩和倾倒式危岩应考虑裂隙水压力，天然状态取三分之一裂隙水柱高，暴雨期间取三分之二裂隙水柱高，必要时可考虑裂隙水压力折减系数。

（6）危岩防治工程应采用动态设计，按信息化施工。实施综合治理后，可不考虑裂隙水的影响。

（7）理论计算及监控设计所需危岩体及围岩物理力学计算指标，应通过现场实测取得。

（二）方案拟订的一般原则

1. 采用加固措施时，危岩加固计算模式，应符合危岩实际工作状况，支护结构应受力明确、传力可靠。

2. 滑塌式危岩应根据危岩体的完整性，可以采用抗滑桩、抗剪销、钢筋锚杆和（或）预应力锚索等治理措施。当采用钢筋锚杆或预应力锚索时，不应使其处于受剪状态工作。且应注意对危岩基座进行加固处理。

3. 倾倒式危岩宜改变其支撑条件和（或）采用锚固措施，但宜优先考虑支撑锚固联合防治技术，保证其稳定性。

4. 坠落式危岩，一般宜采用支撑方案或支撑–锚固联合防治技术进行防治。

二、支撑设计与施工

（一）支撑体分类

按支撑体材料可将危岩支撑体分为浆砌条石支撑与混凝土支撑。

按支撑体的结构形式可分为墙撑（墙撑又可分为承载型墙撑和防护型墙撑两类）、柱撑、墩撑、拱撑。

（二）支撑体设计

1. 支撑体设计基本原则

（1）支撑体可采用浆砌条石或片石、现浇混凝土或条石混凝土；砂浆应不低于 M7.5，混凝土宜采用 C15 或 C20 素混凝土。

（2）支撑设计时，应进行支撑体地基的承载力及稳定性验算并将地基清理成内倾平台或台阶。支撑体地基的承载力验算，应符合规定：基底平均压应力值，应小于或等于地基承载力特征值；基底边缘最大压应力值，应小于或等于地基承载力特征值的 1.2 倍。

（3）支撑体墙体强度的验算，应符合砌体结构设计规范和混凝土结构设计规范的有关规定。

（4）与支撑体接触的危岩体应凿平，支撑体顶部距离危岩体底部 10～20 厘米的范围应采用膨胀混凝土，确保支撑体与危岩体之间的有效接触并受荷传荷。

2. 支撑体设计

危岩支撑体应根据支撑计算结果进行主体工程设计，相关构造措施及技术要点符合下列要求。

（1）承载型墙撑可分为全充填式墙撑与拱撑，宜采用浆砌条石砌筑或 C20 混凝土、C25 钢筋混凝土现场浇筑。

（2）浆砌条石支撑的截面尺寸不得小于 0.8 米，混凝土支撑的截面尺寸不得小于 0.6 米。

（3）防护型墙撑宜采用 C15 混凝土或条石砂浆砌筑。

（4）墙撑结构顶部距离危岩体底部 10～20 厘米范围内，宜采用膨胀混凝土，使支撑体与危岩体之间紧密接触。

（5）承载型墙撑体高度超过 3 米时，宜在墙体中部布设非预应力锚杆，便于稳定墙撑体。墙体内宜设置一定数量的排水孔，一般为 Φ60～110 毫米的 PVC 管，向凌空方向外倾的坡比大于 5‰，排水孔长度以穿过主控结构面为宜。

（6）柱撑宜用 C 25 或 C30 钢筋混凝土现场浇筑。柱长超过 3 米后，每隔 3 米设置一道横系梁，并锚固到危岩体上，横系梁宜用 C15 或 C20 钢筋混凝土预制，确保支撑体的稳定与受荷。

（7）拱墙撑拱顶最小厚度不宜小于 500 毫米，矢拱度宜取 0.25～0.30，拱边墙宽不宜小于 1.5 米。

（8）承载型墙撑的拱、柱基脚嵌入岩石深度不宜小于 0.5 米，墙、柱基础外边缘距坡面距离不宜小于 1.5 米，如小于 1.5 米，应采用锚杆加固。

（9）高度较大的倾倒式危岩（尤其属于高位危岩部分）支撑后，应进行倾覆稳定验算。

（10）支撑体底部应分台阶清除至中风化岩层，确保地基承载力满足要求。采用浆砌条石支撑危岩体应符合砌体结构设计规范的有关规定，采用素混凝土和钢筋混凝土支撑危岩体应符合混凝土结构设计规范的有关规定。

3. 支撑体施工技术要求

（1）浆砌片石支撑采用的石材应质地坚实，无风化剥落和裂纹。石材表面的泥垢、水锈等杂质，砌筑前应清除干净。

（2）支撑体基础应置于完整、稳固的岩体上，并整平或凿成向山体内侧倾斜的台阶。

（3）砌筑施工应采用挤浆法，确保灰缝饱满。砌块应大面朝下，丁顺相间，互相咬接，不得有通缝和空缝。砌体周边应平顺整齐。

（4）混凝土浇筑必须连续进行。

（5）混凝土构件所用水泥、水、砂、石料、钢材等材料的质量规格，应符合现行的公路桥涵施工技术规范等有关规定。

（6）浆砌条石的施工及验收应符合砌体工程施工及验收规范的有关规定，素混凝土和钢筋混凝土支撑的施工及验收应符合混凝土结构工程施工质量验收规范的有关规定。

（7）危岩高位支撑时，应对脚手架自身在工作期间的稳定性进行全面计算，计算方法参见相关技术规范或指南，确保脚手架在施工期间的安全与稳定。

三、锚固及锚索设计与施工

（一）各类锚固及锚索的适用性

1. 对于规模较大、主控结构面开度较宽的倾倒式危岩或滑塌式危岩宜采用预应力锚索锚固。

2. 对于完整性较差的危岩体宜采用竖梁格构锚杆锚固，格构竖梁由 C20 或 C25 混凝土沿岩面现场浇筑，宽度不宜小于 300 毫米，高度不宜小于 400 毫米。

3. 对于完整性较好的危岩体宜采用点锚。锚墩尺寸宜为 300 毫米×300 毫米×400 毫米；锚墩上面设置锚垫板，尺寸宜为 100 毫米×100 毫米×50 毫米。

4. 倾倒式危岩采用预应力锚杆锚固时，应施加有 30～50 千牛的低预应力，由螺帽旋进施加；滑塌式危岩及坠落式危岩宜采用全长黏结非预应力锚杆。

（二）锚固及锚索设计

1. 锚固及锚索设计的原则

（1）在拟采用锚固或锚索的危岩防治工程中，应充分论证锚固工程的安全性、经济性和施工可行性。设计前认真调查危岩防治工程的地质条件，并进行工程地质勘察及有关的岩土物理力学性能实验，以提供锚固工程范围内的岩土性质、抗剪强度、地下水、地震等资料。

（2）设计的锚杆必须达到所设计的锚固力要求，锚杆选用的钢筋或钢绞线必须满足有关国家标准；同时必须保障钢筋或钢绞线有效防腐，以避免锈蚀导致材料强度降低。

（3）进行锚杆施工时，选择的材料必须进行材料试验，锚杆施工完毕后必须对锚杆进行抗拔试验，验证锚杆是否达到设计承载力的要求。

2. 锚固及锚索设计程序

锚固工程应根据锚固计算结果进行主体工程设计。采用预应力锚杆时还要确定预应力张拉值和锁定值，并给出张拉程序。最后进行外锚头和防腐构造设计并给出施工建议、试验、验收和监测要求。几个主要技术问题简述如下。

（1）选定锚固及锚索类型

预应力锚索材料，应采用低松弛高强钢绞线，应符合预应力混凝土用钢绞线的要求。

（2）锚固及锚索布置形式

锚固及锚索间距应以所设计的轴向拉力值对危岩体提供的锚固力最大为原则，且应小于 3.5 米×3.5 米；锚杆及锚索的倾角宜在 10°～30°区间，锚杆竖向间距不宜小于 2.5 米，水平间距不宜小于 2.0 米，边缘排锚杆距离岩体边缘的最小距离不宜小于 0.6 米，锚杆伸入主控结构面后部稳定母岩的锚固长度至少为 3.0～4.0 米。

3. 锚固及锚索设计技术要求

（1）锚索锚固段制作宜采用一系列的紧箍环和扩张环（隔离架）使之成为波纹状，注浆后形成枣核（糖葫芦）状。

（2）锚索必须做好防锈、防腐处理。锚固段锚索只须清污除锈，自由段锚索还须涂防腐剂，外套 Φ22 毫米聚乙烯塑料套管隔离防护，张拉段锚索也须涂防腐剂。

（3）锚固砂浆标号不低于 M30；锚杆的锚筋一般为 2～3 根 Φ28～Φ32 的钢筋，锚索宜采用 Φ12.7 或 Φ15.2 的钢绞线；锚杆直径宜在 Φ60～110 毫米，由地质钻机钻设。

（4）危岩体锚固深度按照伸入主控结构面计算，不应小于 5.0～6.0 米。

（5）预应力锚杆的预应力张拉值一般不大于 200 千牛，锚索的预应力张拉值可大于 500 千牛。

（6）锚杆应按耐久性设计，应考虑 2.0～4.0 毫米的预留混凝土腐蚀厚度。

（7）预应力锚索张拉端应设置锚头。锚头由垫墩和锚具组成。根据设计的钢绞线规格和根数，选用符合国家标准的锚具。根据选定的锚具型号，确定垫墩的几何尺寸及混凝土强度等级，并按混凝土结构设计规范验算局部受压承载力。

（三）锚固及锚索施工

锚固及锚索施工质量的好坏将直接影响锚固及锚索的承载能力和危岩的稳定性，施工前应根据工程施工条件和地质条件选择适宜的施工方法，精心组织施工。锚固及锚索施工应包括 6 个环节，即搭建脚手架、超长钻孔、锚固钻孔、锚固及锚索制作与安装、注浆施工、锚固及锚索张拉与锁定。

1. 搭建脚手架

锚固工程施工中，首先应根据相关技术规范或指南搭建脚手架，详细计算、分析脚手架在工作状态下的稳定状态，确保施工过程安全。

2. 超长钻孔

为了进一步核实危岩主控结构面在陡崖或陡坡内的具体位置，对实施锚固治理的每个危岩体钻设 3～5 个超长钻孔，其长度超过地质勘察确认的危岩主控结构面后部 8～9 米，并连续采集岩芯，据此判断主控结构面的具体出现部位，调整锚杆或锚索设计长度并验算锚固设计。

3. 锚固钻孔

按照施工图要求进行钻孔，钻孔是锚固工程费用最高、控制工期的作业，因而是影响锚固工程经济效益的主要因素。钻孔应满足设计要求的孔径、长度和倾角，采用适宜的钻孔方法确保精度，要使后续的杆体插入和注浆作业能顺利地进行。一般要求如下。

（1）在钻机安放前，按照施工设计图采用经纬仪进行测量放线确定孔位以及锚孔方位角，并做出标记。一般要求锚孔入口点水平方向误差不应大于 50 毫米，垂直方向误差不应大于 100 毫米。

（2）确定孔位后根据实际地层及钻孔方向选取适当的钻孔机具并确定机座水平定位和立轴倾角（即锚孔倾角），钻机立轴的倾角与钻孔的倾角应尽量吻合，其允许的误差只能是岩芯管倾角略大于立轴倾角，不允许有反向的偏差出现。开孔后，尽量保持良好的钻进导向。在钻进过程中根据实际地层变化情况，随时调整钻进参数，防止造成孔斜偏差。

（3）钻孔根据需要可采用水钻或干钻，当水钻可能恶化危岩的稳定性态时，则必须采用干钻。锚孔应用清水洗净，严格执行灌浆施工工艺要求，当用水冲洗影响锚索的抗拔能力时，可用高压风吹净。

4. 锚杆及锚索制作与安装

锚杆的制作较简单，一般首先按要求的长度切割钢筋，并在外露端加工成螺纹以便安放螺母，然后在杆体上每隔 2~3 米安放隔离体以使杆体在孔中居中，最后对杆体按要求进行防腐处理。而锚索制作则相对较复杂，其锚固段的钢绞线呈波浪形，自由段的钢绞线必须进行严格的防护处理。对于各种形式的锚杆及锚索的技术要求如下。

（1）严格按照设计进行钢筋（钢绞线）选材。对进场的钢筋或钢绞线必须验明其产地、生产日期、出厂日期、型号，核实生产厂家的资质证书及其各项力学性能指标。同时须进行抽样检查，以确保其各项参数达到锚固工程要求。对于预应力锚固结构，优先选用高应力、低松弛的钢绞线，保证其与混凝土有足够的黏结力（握裹力），同时应保证预应力损失后仍能维持较高的预应力值，谨慎使用精轧螺纹钢。

（2）严格按照设计长度进行下料。对进场钢筋经检验达到相关技术要求后，即可进行校直、除锈处理，然后按照施工设计长度进行断料，其长度误差不应大于 50 毫米。一般实际长度应大于计算长度的 0.3~0.5 米，但不可下得过短，以致无法锁定或者给后续施工带来不便。

（3）锚杆组装可在严格管理下由熟练人员在工地制作。对于Ⅱ、Ⅲ级钢筋连接时宜采用对接焊或双面搭接焊，焊接长度不应小于 8 倍钢筋直径。锚杆自由段必须按照设计要求做防腐处理和定位处理。

（4）锚束放入钻孔之前，应检查孔道是否阻塞，查看孔道是否清理干净，并检查锚索体的质量，确保锚束组装满足设计要求。安放锚束时，应防止锚束扭压、弯曲，注浆管宜随锚体一同放入钻孔，注浆管端部距管底宜为 50~100 毫米，锚束放入角度应与钻孔角度保持一致，在入孔过程中，注意避免移动对中器，避免自由长度段无黏结护套或防腐体系出现损伤。锚束插入孔内深度不应小于锚束长度的 95%。

5. 注浆施工

注浆是锚固及锚索施工过程中的一个重要环节，注浆质量的好坏将直接影响锚固及锚索的承载能力。锚孔一般采用水泥浆或水泥沙浆灌注，浆液的拌和成分、质量和灌浆方式在很大程度上决定了锚杆的黏结强度和防腐效果。因此锚杆注浆施工应当严格把握浆材质量、浆液性能、注浆工艺和注浆质量。注意以下两方面的要求。

（1）锚孔注浆材料宜采用水泥浆或水泥砂浆，一般采用 M25~M35 水泥砂浆。注浆采用孔底注浆法，注浆压力不宜小于 0.6~0.8 兆帕，砂浆灌注必须饱满密实，第一次注浆完毕，水泥砂浆凝固收缩后，孔口应进行补浆。

（2）注浆作业应连续紧凑，中途不得中断，使注浆工作在初始注入的浆液仍具塑性的时间内完成；在注浆过程中，边灌边提注浆管，保证注浆管管头插入浆液液面下 50~80 厘米，严禁将导管拔出浆液面而出现断杆事故。实际注浆量不得少于设计锚索的理论计算量，即注浆充盈系数不得小于 1.0。

6. 锚固及锚索的张拉与锁定

锚固及锚索的张拉，其目的就是要通过张拉设备使锚杆或锚索杆体自由段产生弹性变形，从而对锚固结构施加所需预应力值。在张拉过程中应注重张拉设备选择、标定、安装、张拉荷载分级、锁定荷载以及量测精度等方面的质量控制，一般要求如下。

（1）张拉设备要根据锚固体的材料和锁定力的大小进行选择。选择时应考虑它的通用性能，从而使得它具备除可能张拉配套锚具外，还能张拉尽可能多的其他系列锚具的通用性能，做到一机多用。同时张拉设备应能使预应力筋的拉力既能从已有荷载上增加或降低，又能在中间荷载下锚固，最后张拉设备还应能拉锚以确定预应力荷载的大小。

（2）安装锚夹具前，要对锚具进行逐个严格检查。锚具安装必须与孔道对中，夹片安装要整齐，裂缝要均匀，理顺注浆管后依次套入锚垫板、工作锚、限位板，在限位板上用千斤顶预拉，每根预拉一定荷载后，再套入千斤顶、工具锚、工具夹片等。预应力锚索所用锚具，应符合预应力筋用锚具、夹具和连接器应用技术规程的规定。

（3）张拉前，必须把承压支撑构件的表面整平，将台座、锚具安装好，并保证锚具底座顶面与钻孔轴线应垂直，确保锚固及锚索张拉时千斤顶张拉力与锚索在同一轴线上。

（4）锚索张拉应分两次逐级张拉，第一次张拉值为总张拉力的 70%，两次张拉间隔时间不宜小于 3~5 天。为减小预应力损失，总张拉力应包括超张拉值，宜为 10%~15%。锁定值为控制应力的 1.10~1.15 倍。张拉必须等孔内砂浆达到设计强度的 70% 后方可进行，张拉过程中应对锚索伸长及受力做好记录，核实伸长及受力值是否相符。

（5）预应力锚固及锚索张拉锁定后，锚头部分应涂防腐剂，并用不低于 C20 混凝土封闭。

（6）为验证预应力锚索设计，检验其施工工艺，指导安全施工，在锚固工程施工初期，应对预应力锚索进行锚固试验。锚固试验的数量可按工作锚索的 3% 控制，当有特殊要求时，可适当增加。锚固试验的平均抗拔力，不应小于预应力锚索的超张拉力。当平均抗拔力低于此值时，应再按 3% 的比例补充锚固试验的次数。

锚固及锚索施工中有关混凝土、锚杆等单项工程，除应按上述要求执行外，尚应执行现行的混凝土结构工程施工质量验收规范、锚杆喷射混凝土支护技术规范等相关标准的规定。

四、拦石墙设计与施工

（一）拦石墙的分类及特点

拦石墙包括普通拦石墙和桩板拦石墙。

拦石墙最大的优点就是能够就地取材，废弃钢材、现场开挖的石材、土料等均可使用。

第一，一定厚度缓冲土堤的存在，避免了桩板体系直接承受落石冲击，大大增强了结构体系的柔性和抗冲击能力，理论上足够厚度缓冲土层可以承受足够大的冲击作用。

第二，桩（柱）顶防护栏的设置可拦截小块飞石，增加系统的有效拦截高度。整个系统设计理念既达到了增加柔性，又避免过度增加结构断面，而且设计选用非常灵活。

但工程中暴露出来的缺点也非常明显。

第一，结构的刚性特征决定了其抗冲击能力有限，尽管理论上可以不断增加断面解决抗冲击能力问题，但受地质条件、自身稳定、经济性、施工条件等限制，选择范围有限。

第二，场地适宜性差，仅适用于缓坡、场地面积大、基础条件好的地段，通常需要在陡峻山坡修建大尺寸圬工结构。

第三，结构材料用量大，而通常运输条件恶劣，导致施工期长，并不经济。

第四，通常陡坡上开挖易造成边坡稳定问题，环境破坏也较严重。

第五，结构一旦受冲击破坏，自身也可能成为灾害源。为改善抗冲击性能，通常在刚性墙背回填土料，但不仅造成结构断面急剧增大，而且造成有效拦截高度降低。

（二）拦石墙的基本组成

桩板拦石墙由桩、板、加筋土体及防护（撞）栏组成。桩间板可为预制槽型板，桩、板后部的土堤为加筋土体，在拦石墙内侧设置落石槽，槽底设置排水盲沟。

（三）拦石墙设计

拦石墙应根据计算结果进行工程设计，并考虑下列技术要点。

1. 拦石墙（堤）可用块石砌筑，也可用桩板式结构，其顶宽不小于 2 米。墙背缓冲堤应分层填筑，压实度不小于 85%，并应保证其自身稳定。必要时，可用加筋土，表面可用片石护坡。

2. 拦石墙的高度及与陡崖脚部的水平距离应根据现场试验或落石运动路径及腾跃高度计算确定。

3. 拦石墙体的厚度应根据落石冲击力确定。

4. 桩截面可方可圆，变截面后上部成为柱。

5. 板可以是连续板、简支板、槽形板、空心板、拱板等型式。

6. 落石槽断面为倒梯形，槽底铺设厚度不小于 60 厘米的缓冲土层，墙体迎石面坡比 1：0.5～1：0.8 并用块石护坡，山体面坡比一般在 1：1 左右，在不具备放坡的地段可将坡比增大为 1：0.5 并用锚钉或块石护坡。

7. 桩板的截面和配筋设计，应遵循混凝土结构设计规范和建筑抗震设计规范的有关规定。

（四）拦石墙施工

1. 对施工现场应按现行的公路路基施工技术规范及其他有关规定进行场地清理、整平压实，并使其满足构件安装的要求。

2. 墙体基础埋入较稳定的地基内的深度：基岩不小于 0.5 米，土体不小于 1.5 米。

3. 桩孔可用机械钻孔，也可人工挖孔。

4. 墙背填土分层填筑，分层厚度 30～50 厘米，压实度不小于 85%。

5. 缓冲土堤可就地利用落石槽开挖土料，也可使用其他抗冲击材料，夯实修整成设计内坡，必要时可以捶面、镶面处理。

6. 条石砌筑的施工及验收应符合砌体工程施工及验收规范的有关规定，桩板结构施工及验收应符合混凝土结构工程施工质量验收规范的有关规定。

五、拦石网及拦石栅栏设计与施工

当陡崖或山坡下部坡度大于35°且缺乏一定宽度的平台而不具备建造拦石墙时，可采用拦石网、拦石栅栏。拦石网包括半刚性网和柔性网两类，前者主要由以钢轨作为立柱、钢轨或角钢、型钢作为横梁相互焊接而成，后者由角钢作为立柱、缓冲钢索和柱间钢绳网组成，缓冲钢索一端与立柱顶部相连（立柱倾角不小于70°）另一端锚固在稳定岩土体中。目前，工程中应用最多的为柔性拦石网。

拦石网与传统的拦挡结构相比主要区别在于拦石网的柔性和强度足以吸收和分散传递预计的崩岩能量并使系统受到的损伤最小，在设计上不仅考虑了易于安装，同时还考虑了在悬崖、陡坡等地形条件下要能实现这种安装，即用最少量的锚杆和最少量的开挖来实现最快速的施工安装是拦石网防护的一个显著特征。整个系统由钢绳网、减压环、支撑绳、钢柱和拉锚五个主要部分构成。系统的柔性主要来自钢绳网、支撑绳和减压环等结构，且钢柱与基座间亦采用可动联结以确保整个系统的柔性匹配。

（一）拦石网的组成

1. 钢绳网

钢绳网是系统的主要构成部分，是遭受危岩落石冲击的第一部分，其作用是将来自落石的冲击力传送到支撑绳、钢柱等其他部件上，并最终传给锚杆。由于钢绳网具有非常高的强度和弹性内能吸收能力，只要对落石特征进行了正确的分析并进行了正确的系统设计选型后，在一般情况下无需大量的后期维护。此外，钢绳网由热镀锌的高强度钢绳（1 770兆帕）加工而成，从而确保了其长期寿命所需的防腐能力。

2. 支撑绳和减压环

冲击荷载从钢绳网传给支撑绳，支撑绳在设计上必须确保其具有与网内冲击点位置无关的恒定响应特征，在特定部位设置摩擦式"减压环"的双支撑绳设计形式除能实现这一功能外，还实现了能量消散、绳网下垂和维护需求间的最佳平衡。减压环为对系统起过载保护作用的重要部件，它为一在结点处按预先设定的力箍紧的环状钢管，使用时钢绳顺钢管内穿过，当与减压环相连的钢绳所受拉力达到一定程度时，减压环启动并通过塑性位移来吸收能量，从而具有过载保护作用。

3. 钢柱和锚杆

钢柱的主要作用是作为系统的直立支架，钢柱与基座间的可动联结确保了钢柱遭受直接冲击时基座地脚螺栓（锚杆）免遭破坏；与各拉锚绳相连的柔性双股钢绳锚杆，其带套管的环套设计能最好地吸收高冲击荷载，尤其当锚杆轴线与其受力方向不在同一直线上时，这种锚杆形式具有最好的自适应能力。

（二）拦石网设计

拦石网或拦石栅栏的布设位置应根据危岩失稳运动路径并结合地貌条件综合确定，遵循下列要求。

1. 系统类型的选择

被动防护系统类型的选择主要取决于地形、系统设置后内侧的通行要求以及所需防护能级等，其中因 RX 型系列的能级范围涵盖常见落石的冲击动能范围而得到最广泛的采用。

2. 系统长度及分段

系统长度取决于防护对象的规模、展布范围或潜在落石的分布范围，尤其是其危害威胁的范围。一般在危岩影响区域或须防护区域的两端设置一定保护距离，常向两端延伸10～15米，视工程重要程度及经济承受能力确定。当不便拉通布置时，可分段布置，两段间重叠距离不得小于5米，且不小于两段间距离，但不大于10米。

3. 系统能级、系统高度、平面布置的确定

系统能级、系统高度和平面布置的确定是设计成功的关键，包括危岩失稳运动的速度、动能、运动形式、弹跳高度和运动轨迹等危岩失稳运动特征是合理设计的根本前提，其中尤以动能和弹跳高度最为重要，直接决定了系统能级和高度的确定。这些特征参数的可靠确定除决定于经验和正确的分析计算模型外，还取决于现场详细调查，再利用运动学理论和相应的简化模型和公式进行有关参数的模拟计算。

能级选型应比计算所得的最大冲击动能值稍大，一般落石体直径在30厘米以内时可选用250焦耳能级、落石直径在30～50厘米时可选用500焦耳能级、落石直径在50～100厘米时可选用800焦耳能级，直径超过1.0米的危岩体宜进行主动防治。系统高度的选取为计算最大弹跳高度加1米安全储备。

拦石网布置以能有效而经济地拦截落石为原则，宜设置在坡面上落石运动轨迹集中、

动能及弹跳高度较小且便于施工的位置。通常情况下，一般距离陡崖壁 15~30 米布置，理论上距离陡崖壁越远越好，只要限制宽度容许，还要综合考虑系统布置的便利和经济。尽可能沿等高线附近延伸，当这种要求难以满足而使系统沿走向落差较大时，系统可以分段沿不同的等高线布置；当这种落差较小时，亦可采用非直角的平行四边形网块来适应这种落差，或者对低洼段修建矮挡墙，墙后填平。

一般来讲，柱间距与系统柔性亦即抗冲击能力成正比，柱间距越大，系统受落石冲击时顺边坡倾斜向下的变形位移越大，但系统的有效高度亦将暂时明显降低，从而使系统变形后侵入防护限界或使系统的后续防护功能暂时失效，为此，一般选择 5~10 米的间距，当无条件限制时，宜选用 10 米标准间距。

最后，根据坡面覆盖条件设计有关锚固形式，一般而言，当坡面基岩裸露（或覆盖层较薄）且完整性较好时，钢柱基础和拉锚锚杆采用直接钻孔注浆锚固方式；当覆盖层较厚或裸露基岩破碎时、可采用带注浆花管（除起护壁作用外，其分布花孔允许高压浆液渗入孔外软弱层）的直接钻孔高压注浆锚杆锚固方式或基础锚固形式。

（三）拦石网施工

拦石网施工总体而言比较简单，无需大型机具设备等，材料用量非常小，场地适应性强，占地少，不毁坏植被，景观影响小，同传统拦挡石结构物相比有很多突出优点。

1. 基座及拉锚绳施工

（1）根据设计测量确定拉锚绳及基座位置，并沿着基座位置修一条基本等高的小道，同时清除或就地临时处理坡面防护区域内的浮土及浮石；在确保系统稳定和所配置拉锚绳长度足够的基础上，允许灵活调整；拉锚锚杆在确保向下的角度不小于 45° 的基础上，宜与拉锚绳方位一致。

（2）桩孔开挖及灌筑混凝土（土质地层）或钻凿锚孔并清孔（岩质地层）。对地脚螺栓锚杆，孔深误差不宜大于 50 毫米；当开挖桩孔浇筑混凝土基础时，对覆盖层不厚的地方，开挖至基岩面尚未达到设计深度时，则在基坑内的锚孔位置处钻凿锚孔，待锚杆插入基岩并注浆后再浇筑上部基础混凝土。

（3）锚杆安装与注浆。锚杆杆体使用前应平直、除锈、除油；锚杆应位于钻孔中部，杆体插入孔内长度不应小于设计规定的 95%；地脚螺栓锚杆外露丝口端长度不应小于 80 毫米；每个基座的 4 根地脚螺栓锚杆间的纵横间距误差不应大于 5 毫米；锚杆安装后其外露环套不应高出地面；注浆锚杆长度大于 3 米时，宜采用机械注浆，锚杆安装后，不得随意敲击，3 天内不得悬挂重物或进行会使其受载的下道工序施工；注浆砂浆强度等级不应低于 M20。

2. 基座安装

（1）安装基座的基础顶面应平整，一般不应高出地面 10 厘米，以使下支撑绳尽可能紧贴地面；但亦不可太深，以免防护网防护高度降低或基座坑积水。

（2）基座安装时必须使其挂座朝向坡下。

3. 钢柱、拉锚绳安装

（1）通过与基座间的连接和上拉锚绳来实现钢柱的固定安装。

（2）拉锚绳调整钢柱方位满足设计要求，误差不得大于 5°。

（3）拉锚绳绳端用不少于 4 个绳卡固定。

（4）上拉锚绳上的减压环宜距钢柱顶 0.5~1.0 米。

4. 支撑绳安装

（1）除支撑绳端穿入挂座并用不少于 4 个绳卡固定外，其余同一位置处的两根支撑绳应采用一根穿入挂座内，每根用两个绳卡固定悬挂于挂座外侧的交错布置方式，且同一根支撑绳在两相邻位置处应内外交错穿行；上支撑绳一端应向下绕至基座的挂座上用绳卡固定。

（2）减压环宜位于离钢柱约 0.5 米处，同一侧为双减压环时，两减压环间应相距 0.3~0.5 米。

（3）支撑绳固定前应张紧，系统安装完毕后上支撑绳的铅直垂度不应超过柱间距的 3%。

（4）结绳卡严禁完全紧固，应留有余地。

5. 钢绳网的铺挂与缝合

（1）钢绳网只能与支撑绳或临近网边缘缝合联结，严禁与钢柱和基座等构件直接联结。

（2）在两个并接绳卡之间或并接绳卡与无减压环一侧钢柱之间，缝合绳应将网与两根支撑绳缝联合缠绕在一起；在并接绳卡与同侧钢柱之间，缝合绳应将网与不带减压环的一根支撑绳缝合缠绕在一起。

（3）缝合绳两端应重叠 1.0 米后用两个绳卡与钢绳网固定。

6. 铁丝格栅网铺挂

（1）格栅应铺挂在钢绳网的内侧即靠山坡侧，叠盖钢丝绳网上缘并折到网的外侧 10 厘米以上。

（2）格栅底部宜沿斜坡向上敷设 0.5 米以上，并宜用土钉或石块将格栅底部压固。

（3）每张格栅间重叠宽度不得小于 5 厘米。

拦石网防护工程中有关土石方、混凝土、锚杆等单项工程，除应按上述要求执行外，尚应执行现行的土方爆破工程施工及验收规范、混凝土结构工程施工质量验收规范、锚杆喷射混凝土支护技术规范等国家有关标准的规定。

拦石网及拦石栅栏应加强后期管理维护，注意防盗防损。

六、排水工程与施工

滑塌式危岩和倾倒式危岩的稳定性主要受控于危岩主控结构面内的裂隙水压力。因此布置合理的排水工程是这类危岩防治的关键。危岩排水技术包括危岩体周围的地表截、排水和危岩体内部排水。

（一）危岩排水类型

1. 危岩体周围的地表排水

在危岩体（带）后部宜设置排水沟，排水沟应根据危岩体周围的地表汇流面积进行确定，常采用明沟排水，断面尺寸 0.5 米×0.5 米~0.8 米×1.0 米，由浆砌块石或浆砌条石构成，壁厚 30~50 厘米，底部地基为填土体时压实度不小于 85%。为了防止其他方向水体流入，也可在危岩体侧部稳定岩体内凿槽作为排水沟。

2. 危岩体内部排水

危岩体后部裂缝中裂隙水比较丰富时，宜在危岩体下部适当位置钻设排水孔。危岩体支撑墙内宜安置 $\Phi 60~110$ 毫米的 PVC 管作为排水管。内侧伸入危岩体后部的危岩裂隙或地基岩土体内，排水孔坡比大于 5‰。

（二）排水工程施工

1. 排水工程施工，首先按设计要求，选定位置，确定轴线。然后按设计图纸尺寸、高程，测定开挖基础范围，准确放出基脚大样尺寸，进行土方开挖与沟体砌（浇）筑。

2. 开挖土方基坑时，必须留够稳定边坡，以防滑塌。对淤泥质土、软黏土、淤泥等松软土层，应尽量挖除。重要的大落差跌水，陡坡地基，还应夯实加固处理。

3. 填方基础，必须按规定尺寸分层夯实，达到设计要求，并做必要的土样测试检验。

4. 开挖出的沟基，如地基承载力达不到设计要求时，应进行地基加固处理。如除泥换土，填砂砾石料，扰动土夯实、灰土夯实、打木桩、混凝土桩等。

5. 排水沟底板和边墙砌筑为人工操作，质量不易控制。砌筑工艺总的应做到：平（砌筑层面大体平整）、稳（块石大面向下，安入稳实）、紧（石块间必须靠紧）、满（石缝要以砂浆填满捣实，不留空隙）。

6. 砌砖宜用座浆法，砌片石用座浆法或灌浆法；石料或砖，使用前应洗刷干净。

7. 砌石时，基础应敷设 50~80 毫米厚砂浆垫层。第一层宜选用较大片石；分层砌筑，每层厚 250~300 毫米，由外向里，先砌面石，再灌浆塞实；铺灰座浆要牢实。

8. 砌片石（砖）时，应注意纵、横缝互相错开，每层横缝厚度保持均匀。尚未凝固的砌层，避免震动。

9. 须勾缝的砌石面，在砂浆初凝后，应将灰缝抠深 30~50 毫米，清净湿润，然后填浆勾阴缝。

10. 盲沟基础砌筑，宜每隔 1~3 米设一牙石凸棒，可采用 100~200 毫米填料片石；沟壁砂砾反滤层厚度不应低于 150 毫米。

七、防治工程监测技术

（一）监测工作目的

为了保证危岩在治理前、治理过程中及治理后的安全，必须对危岩防治的三个阶段进行监测，分析其变形情况，发现异常情况及时处理。

第一，在治理之前，通过系统监测，对危岩的稳定状况及时综合分析，对其险情及时进行预测预报、预警，为制定防灾、减灾对策，为优化治理设计提供可靠依据。

第二，治理期间，及时反馈治理的效果及存在的问题，有效调整施工进程，确保施工期间生命和财产安全。

第三，治理后，继续进行监测，掌握危岩治理效果，对监测资料进行总结和分析，提出协调人类工程活动与地质环境的措施。

（二）主要监测方法、监测仪器

目前，国内外地质灾害监测技术方法已发展到一较高水平。由过去的人工用皮尺地表量测等简易监测，发展到仪器仪表监测，现正逐步实现自动化、高精度的遥测系统。

监测技术的发展，拓宽了监测内容，由地表监测拓宽到地下监测、水下监测等，由位移监测拓宽到应力应变监测、相关动力因素和环境因素监测。随着电子摄像激光技术、GPS 技术、遥感遥测技术、自动化技术和计算机技术的发展，这些监测技术对危岩监测具有一定指导借鉴价值。

1. 绝对位移监测

绝对位移监测是基本的常规监测方法，用以监测危岩体测点的三维坐标，从而得出测点的三维变形位移量、位移方位与变形位移速率。该方法主要为地表监测，是危岩体监测的主要内容和重要内容。

（1）大地测量法

该方法主要有：两方向（或三方向）前方交会法、双边距离交会法、视准线法、小角法、测距法（以上方法用以监测单方向水平位移）；几何水准测量、精密三角高程测量法。一般常用高精度测角、测距的光学仪器和光电测量仪器。

特点及适用范围：观测点之间无须通视，选点方便。可全天候观测。观测点的三维坐标可以同时测定，对于运动中的观测点，还能精确测出其速度。目前新一代 GPS 接收机具有重量轻、体积小、耗电少、智能化的快速静态定位特点。其发展趋势是仪器质量、精度将不断提高、数量将不断增加、价格将不断下降，目前价格较贵。适用于各种崩滑体三维位移监测。

（2）近景摄影测量法

把近景摄影仪安置在两个不同位置的固定测点上，同时对危岩体的观测点摄影构成立体相片，利用立体坐标仪量测相片上各测点的三维坐标进行测量。

特点及适用范围：周期性重复摄影，外业工作简便，可同时测定许多测点的空间坐标。获得的相片是崩滑体变形的实况记录，并可以随时进行比较分析。近景（100 米以内）摄影法绝对精度不及传统测量法。设站受地形条件限制，内业工作量大。适合于对凌空陡崖进行监测。

2. 相对位移监测

相对位移监测是设点量测危岩体重点变形部位点与点之间相对位移变化（张开、闭合、下沉、抬升、错动等）的一种常用的变形监测方法，主要用于对裂缝的监测，是危岩监测的主要内容和重要内容之一。

（1）机测法

机械式仪器原理简单，结构不复杂，便于操作，投入快，成果资料直观可靠，仪器稳定性好，抗潮防锈，适用于地下潮湿不良环境。机测法适用于各种危岩监测。

（2）电测法

采用传感器的电性特征或频率的变化来表征裂缝的变化，采用二次仪表（电子仪表）进行测试。

（3）地面倾斜监测法

对于崩滑初期阶段的危岩体，当以角变位和倾斜变形为主时，有条件的情况下，可选择投入精度高的地表倾斜监测。

（4）地下（钻孔）倾斜监测

特点及适用范围：

①精度高，性能可靠，稳定性好，测读方便。

②在岩土体钻孔内进行岩土体深部变形监测，具有很大的应用优势。

③在目前条件下，由于仪器自身的限制，使之受到变形阶段性的限制。适合于崩滑体缓慢、匀速变形阶段的监测。当变形加剧或局部突发事件发生时，由于变形量大，挤压测斜管急剧变形使测头无法通过而导致监测报废。

3. 声发射监测

特点和适用范围：声发射仪性能比较稳定，灵敏度高，操作简便，能实现有线自动巡回检测。一般来说，岩石破裂产生的声发射信号比观测到位移信息最多可超前 7 日、最少超前 2 秒，因此，适用于危岩体处于临滑临崩阶段的短临前兆性监测。对于处于蠕动变形阶段和匀速变形阶段的危岩体，可以不采用。

4. 应力监测

危岩应力监测主要指支撑体承载力及锚固体拉应力监测，以了解各防治结构受力动态变化及长期工作性能。一般可在支撑体顶部、危岩体底部埋设压力传感器、压力盒进行支撑体承载力监测。对预应力锚固及锚索的监测可采用轮辐式压力传感器、钢弦式压力盒、应变式压力盒、液压式压力盒进行。

5. 地下水监测

监测方法：利用监测盅、水位自动记录仪、孔隙水压计、钻孔渗压计、测流仪、水温计、量水堰、取样等，监测泉、井、坑、钻孔、平斜硐、竖井等地下水露头。

适用范围：地下水监测不具普遍性。当危岩体变形破坏与地下水具有相关性时，而且在雨季或地表水位抬升时危岩体内具有地下水时，应予以监测。一般认为，滑塌式危岩、倾倒式危岩须进行地下水监测。

6. 地表水监测

监测方法：利用水位标尺、水位自动记录仪、测流堰等进行监测。

适用范围：须进行地下水监测的危岩体，而且地表水和地下水有水力联系时。

7. 降雨动态观测

重点进行雨量及雨强观测，建立雨量观测站，每天由兼职人员进行一次雨量记录，遇暴雨时，要记录小时暴雨量。

8. 地震监测

监测内容及仪器：由于地震力是作用于危岩体的偶然荷载，对危岩体的稳定性起着重要作用，应采用地震仪等监测区内及外围发生的地震的强度、发震时间、震中位置、震源深度，分析区内的地震烈度，评价地震作用对危岩体稳定性的影响。水库地区，尚应监测水库在蓄水、放水期间可能诱发的水库地震。

适用范围：地震监测适用于所有的危岩监测。基于我国地震台及专业地震监测队伍的分布，所以应以收集地震资料为主，一般不宜自行设站监测。对于十分重要的危岩体，场地地震烈度及其岩土体峰值加速度取值范围应由地震部门予以确定。

9. 人类相关活动监测

监测内容：由于人类活动如掘洞、削坡、爆破、加载及水利设施的运营等，往往造成人工型危岩崩塌或诱发产生崩塌，在出现上述情况时，应予以监测并停止活动。对人类活动的监测，应监测对危岩体有影响的项目，监测其范围、强度、速度等。

适用范围：当区内人类活动影响危岩体的稳定性时，应予以监测并建议其停止。

10. 宏观地质调查

监测内容与方法：采用常规地质调查法，定期对危岩体出现的宏观变形形迹（如裂缝发生及发展）和与变形有关的异常现象（如地声、地下水异常、动物异常等）进行调查记录。

特点及适用范围：该法具有直观性强、适应性强、可信程度高的特点，为危岩监测的主要手段。适用于所有类型的危岩体，应重视地表调查。

宏观地质调查的内容受变形阶段的制约。与变形有关的异常现象（如地声、动物异常等）属于崩塌短临前兆，具有准确的预报功能，应予以足够重视。

（三）危岩监测实施程序和技术要求

不同类型的危岩，有着各自不同的生成环境及动力学机理、不同的结构构造、不同的形体特征、不同的成因类型、不同的成灾动力、不同的变形破坏机制和变形破坏方式。

当对某一个具体的危岩实施监测时，必将面临着如何针对其具体情况来选择合适的监测项目、监测方法、监测仪器，正确地布设监测点和监测剖面，制订理想的监测方案等一系列的优化选择问题。

1. 监测对象的选择

（1）监测对象的选择包括对危岩群体的选择、危岩单体的选择、单体内主要和重要块体的选择、单体内重要部位（如主控结构面）的选择和重要监测点位的选择。由此构成由群体→单体→块体→面→点的系统化的有机选择。

（2）群体和单体监测对象，应依据监测任务书的规定来确定。在实际工作中若对任务书的规定有异议或发现新情况，应逐级上报。若任务书未做补充规定时，仍应按任务书的规定执行。若任务书只规定了群体，则群体中的单体监测对象应通过详细的工作来认真选定。其选定的依据是：变形情况、稳定性评价、危险性评价、危害性及灾情预评估、防灾效益等。

（3）对监测块体及其以下的监测对象的选择，是属于重点监测对象的选择。其选定的基本依据是：不稳定块段、易产生变形部位（裂缝）、控制变形部位（主控结构面）。

（4）监测对象除危岩体自身外，应包括对致灾因素、致灾动力和相关因素（如降水、地表水冲蚀、人工开采等）的选择。

2. 监测项目和监测内容的选择

（1）监测项目和监测内容服务于监测目的，即对危岩的稳定性、危险性、致灾因素及变形破坏的方式、方向、规模、时间及成灾状况进行监测预报，应据此选择并确定监测项目和内容。

（2）应根据危岩体的变形破坏方式进行选择。不同类型的危岩有着不同的变形破坏方式，应据此突出监测重点，针对其主要变形破坏特征确定监测内容。如若以顺层滑移为主，则不选择地面倾斜监测；若以倾倒和角变位为主，则应重视倾斜监测。

（3）应根据危岩体所处的变形阶段和变形量进行选择，如在危岩体处于匀速变形阶段，则可不进行声发射监测。而深部钻孔倾斜监测则在急剧变形阶段不宜投入。

（4）应根据危岩体赋存条件及成灾相关因素选择监测内容，如对地表水监测、地下水监测、降雨、人类活动监测内容的选择。如：受降雨影响的危岩体，除监测上述内容外，还应重点监测裂缝充水情况及充水高度等。

（5）应根据稳定性分析评价的需要和预报模型及判据的需要选择监测内容。一般来说，有条件时可投入多种监测，以满足多因素（参数）相关分析与回归分析模型和综合信息预报判据的需要。

（6）在一般情况下，危岩体都应进行绝对位移、相对位移和主要相关因素监测，以及宏观变形前兆监测。其中相对位移监测必须有深部监测（钻孔倾斜监测）。

3. 监测方法的选择

（1）应根据被监测的危岩体的危害性和重要性，即根据监测需要进行选择。对于致灾可能性大的危岩体，为确保监测成果的质量，应投入高、精、尖的监测方法（如全自动遥测等）和多种监测方法，以相互验证，补充、分析和评价。

（2）应根据经济上的可行性选择，如 GPS 监测和大地测量法之间的选择。

（3）应根据技术上的可行性进行选择，即根据危岩体的形体特征及所处的监测环境，如通视条件、气候条件等，要因地制宜地予以选择。对于无法攀登的高陡绝壁构成的危岩体，近景摄影法则是比较好的选择，条件容许时可定期进行高精度激光扫描监测。对无法通视的城区及植被区，GPS 监测则优于大地测量。

（4）应根据各种监测方法的特点应用范围和适用条件进行选择。

4. 监测仪器的选择

（1）应首先满足监测精度和量程的需要。按照误差理论，观测误差一般应为变形量的 $1/5 \sim 1/10$，据此来确定适当的监测精度，长期监测的仪器一般应适应较大的变形，在选择量程方面应充分注意。

（2）应满足对所处监测环境的适应性和抗干扰能力，应适应野外恶劣环境（如雨、风、地下水、浸湿、雷电等）。

（3）应保持仪表及传输线路的长期稳定性和抗干扰能力，尽量降低故障率，同时要求便于维护和更换。

（4）当需要快速监测、全面监测、迅速处理、及时反馈时，以及需要实时监测时，应选择自动化程度高、质量好的电测仪器，建立自动化遥测系统。

（5）一定要选择一部分机测；保证电测与机测相结合，以便互相校核、互相补充，提高监测成果的可靠度。

（6）根据各种监测仪器的应用范围和适用条件进行选择。

5. 监测网点的布设

（1）监测网的布设

应根据危岩体的形体特征、变形特征和赋存条件，因地制宜地进行布设。监测网由监测线（剖面）和监测点组成，要求能形成点、线、面、体的三维立体监测网，能全面监测危岩体的变形方位、变形量、变形速度、时空动态及发展趋势，能监测其致灾因素和相关因素，能满足监测预报各方面的具体要求。

（2）监测剖面和监测点的布设及功能分析

①监测线（剖面）和监测点应能分别构成高程网和平面图或能构成立体监测网，能全面监测其变形方位、变形量、变形速度、时空动态及发展趋势，监测其致灾因素和相关因素，能满足监测预报各方面的具体要求。

②每条监测剖面应控制一个主要变形方向。监测剖面宜与勘察剖面重合（或平行），

同时应为稳定性计算剖面。深部监测的布设应充分利用勘察工程的钻孔。

③监测剖面应根据危岩的变形方位和空间分布情况进行控制性布设。当变形具有两个以上方向时，监测剖面亦应布设两条以上。

④监测剖面应充分利用勘察工程的钻孔、平硐、竖井布设深部监测，尽量构成立体监测剖面。

⑤监测剖面应以绝对位移监测为主体，在剖面所经过的裂缝上布设相应位移监测及其他监测，构成多手段、多参数、多层次的综合性立体监测系统，达到互相验证、校核、补充并可以进行综合分析评判的效果。剖面两端应进入稳定岩土体并设置大地测量用的永久性水泥标桩作为该剖面的观测点和照准点。

⑥监测剖面布设时，可适当照顾大地测量网的通视条件及测量网形（如方格网），但仍以地质目的为主，不可兼顾时应改变测量方法以适应监测剖面。

⑦监测剖面布设后，应结合地质结构、成因机制、变形特征，分析该剖面上全部监测点的功能并予以综合，建立该剖面在平面上和剖面上代表危岩体的变形块体范围及其组合。

⑧监测点的布设首先应考虑勘察点的利用与对应。勘察点查明地质功能后，监测点则应表征其变形特征，这样有利于对危岩崩塌机理的认识和变形特征的分析。同时利用钻孔或平铜、竖井进行深部变形监测。孔口建立大地测量标桩，构成绝对位移与相对位移连体监测，扩大监测途径。

⑨监测点要尽量靠近监测剖面，一般应可能控制在5米范围之内。若受通视条件限制或其他原因，亦可单独布点。

⑩监测点不应平均分布，对地表变形剧烈地段和对危岩体稳定性起关键作用的块体，应适当增加监测点和监测手段。对危岩体内变形较弱的块段必须具有代表性的监测点。

⑪每个监测点应有自己独立的监测功能和预报功能，应充分发挥每个监测点的功效。这就要求选点时应慎重，有的放矢，布设时应事先进行该点的功能分析及多点组合分析，力求达到最好的监测效果。

⑫位于不动点的绝对位移监测桩点作为监测站和照准基点时，选点应慎重，要尽量避免因地质判断失误选在危岩体上，同时应避开凌空小陡崖和被深大裂隙切割的岩块，以消除卸荷变形和局部变形的影响。

（3）大地测量网型的选择

大地测量监测是危岩体监测的主要手段，其网型的选择，除地质因素外，还取决于危岩体的范围、规模、地形地貌条件、通视条件及施测要求。一般采用的网型如下。

①十字型。适用于平面上窄长、范围不大、主轴方向明显的危岩体。一般沿其主轴方向布设一排监测点，垂直于主轴方向布设若干排监测点，构成"十"字形或"丰"字形。

②放射型。适用于通视条件好、范围不大的危岩体。在其外围稳定岩土体上，选择通视条件好的位置设置两处固定测站，以测站为原点按放射状设若干条测线，在测线终点稳定岩土体上设照准点，定期观测两组放射测网交叉点即观测点。优点是该网型观测时搬动仪器的次数少，但测点不均匀，离测站较远的测点精度不高。

③方格型。适用于地形条件复杂、范围大的危岩体。设置若干条不同方向的测线，纵横交叉，组成网，监测点设于交叉点上。由于该型只要求每条测线能通视，受地形的影响较小，且测点分布可任意调整，较为均匀，观测精度高。但测站多，建控制网时较为困难；观测时，仪器搬动频繁耗时，费人力物力。

④任意型网。当测区条件极为困难，难以布设上述网型时，可在危岩体外围稳定岩土体上布设三角站网，采用三角交会法进行测量。

⑤对标型。在主控结构面两侧设置对标，直接监测对标的坐标变化，或直接监测对标间距离和高程的变化，标与标之间可不相联系，后缘缝的对标中一个尽量设置在稳定岩土体上。该型法较简单，在其他网型布设困难时，可采用此法监测重点部位的绝对位移和相对位移。

⑥多层型。除地表设测点外，可利用勘探平、斜硐，在洞内设置监测点，监测不同高程、不同层位危岩体的变形与变位。

⑦大地测量监测网型以及测站、测线、测点的选取应根据具体需要进行确定或调整，有时可同时采用两种网型，布成综合网型。大地测量网只是为大地测量服务的，是进行绝对位移监测的一种手段，并不代表危岩体监测网。

6. 监测周期的确定

（1）勘察阶段的监测周期不应短于一年；治理工程监测应满足控制施工强度、保证施工安全和判定防治工程效果的需要，其周期应为工程竣工后 1~3 年。勘察阶段的监测与施工安全监测、防治效果监测、长期动态监测之间应有继承性和连贯性。

（2）勘察阶段的监测频率应视危岩变形情况和主要影响因素的不同而有所差异。危岩变形缓慢时，宜 10~15 日监测一次；危岩变形较快时，监测频率应加大，必要时进行每日一次或一日多次的监测。

7. 监测数据的整理与分析

监测数据应及时整理，包括数据检查、校核、误差处理，绘制时序曲线，并根据分析结果及时预测预报。

（1）监测数据的整理

每次监测结束后，应及时对观测点进行计算。在对观测数据整理时，以各观测点的邻周期观测值为初始值，以后的每次观测值对初始值及上次观测值之差，求得观测点从开始监测至此次监测期间总的变形量和观测点每次的变形量。

危岩监测应提交下列成果。

①危岩监测系统点位布置图。

②观测成果表。

③观测点平面位移与沉降关系曲线图及相关分析图件。

④监测成果分析报告。

对监测时间长的危岩，若监测过程中发现变形加剧，应加密监测，并立即上报主管部门，每个监测阶段工作结束时应有阶段监测报告，每年应有年度监测报告，整个监测工作结束时应提交监测总报告。

（2）监测数据的分析

根据整理后的观测数据，将观测点相邻两次观测值之差与最大误差（取中误差的两倍）进行比较，如观测值之差小于最大误差则可认为观测点在这一周期内没有变动或变动不显著。但要注意，即使每相邻周期观测值之差很小，当利用回归方程发现有异常观测值和呈现一定趋势时，也应视观测点有变形。

危岩监测应建立资料分析处理系统，根据所采用的监测方法或取得的监测数据，采用相应的数据处理方法，对监测资料进行分析处理包括数据的平滑滤波、曲线拟合、绘制时程曲线及进行时序和相关分析。在目前众多的非线性数据分析中，灰色系统理论比较成熟，应据此建立监测数据灰色预测模型，并开发灰色预测软件，作为危岩预测、预报、预警的重要依据。

在整个监测过程中，要定期向主管部门提交工作报告，报告中要以文字和数据通报监测情况，也可以建议下期的工作安排。监测系统的监测基准网及监测网邻周期结束后，待成果资料整理齐全后上交主管部门审核时提供一份书面报告。以后是月报，竣工后三个月提供一次报告。

在每次监测结束对观测点数据进行整理计算中，根据位移或裂缝发展的趋势，如果位移监测与裂缝发展趋势一致，且连续三次监测都发现有陡增趋势，则应提出预警，向主管部门提出预警报告。

（四）成果预测预报

对于危岩、滑坡等地质灾害监测来说，监测本身不是目的，通过监测对地质灾害进行成功的预报、预警才是目的，基于监测成果分析，进行预测预报可遵循下列原则。

1. 危岩崩塌灾害预报的主要内容

（1）变形破坏的方式（倾倒、滑塌、坠落、滑动、滚动等）、方向、运动线路、规模（体积）。

（2）成灾范围（危险区范围）。

（3）成灾时间。

2. 预报对象的选择

（1）监测对象不全是预报对象，尤其是对大型危岩体或危岩群。其主要预报对象是：

①对整个危岩体稳定性起关键作用的块体。

②其变形速度对整个危岩体的变形破坏具有代表性的块体。

③变形速度大的块体。

④产生严重危害的块体。

（2）预报剖面和预报点位的选取：

①依据选定的预报块体，选择该块体的主监测剖面。

②预报监测点应选择各预报块体及剖面上具有代表性的监测点。

3. 灾害范围的确定

（1）危岩体自身的范围。

（2）危岩体运动所达到的范围。要重视在特殊条件下（如"V"字形峡谷等）产生气垫浮托效应、折射回弹效应、多冲程效应等所达到的范围。

（3）危岩体所造成的次生灾害（如涌浪、堵江、破坏水库和其他水利设施，在暴雨条件下危岩崩积体转化为泥石流等）的危害范围。

（4）在恶劣条件下（地震、暴雨等）下放大效应所波及的范围。

4. 预报模型和预报判据的建立

（1）对于重要的危岩体，应建立起地质模型，进行大比例尺地质力学模型试验和三维数值模拟，确定其变形破坏模式、变形破坏的宏观形迹及其量级、崩塌短临前兆及其时效、破坏时位移速率及其阈值，建立该崩塌失稳综合预报判据和预报模型。同时必须进行大量的类比分析和专家系统分析，建立其类比分析预报模型，尤其是灰色预测模型，与试验模拟所建立的模型进行分析比较，进行完善。

（2）综合预报判据一般要包括：

①安全系数判据和破坏概率（可靠度）判据。

②位移速率判据（阈值）；位移总量判据。

③宏观变形破坏短临前兆判据。

④类比分析预报判据。

⑤其他判据（如干扰能量判据、声发射判据等）。

（3）预报模型一般可包括：

①确定性预报模型（极限平衡法、极限分析法等），一般适用于长期状态预报。

②非确定性预报模型（灰色预测模型、生长曲线预报模型、动态跟踪预报模型、卡尔曼滤波法等），一般适用于中期、短期预报。

③类比分析模型（人工神经网络模型、综合信息预报模型等），一般适用于长期、中期、短期及临阵预报。

5. 地质灾害预报的发布

地质灾害预报的发布属于政府行为，任何监测单位都无权发布，必须及时上报主管部门由政府发布。

6. 群测群防监测系统

（1）群测群防监测系统的功能

①群测群防是地质灾害防灾预警的必由之路，是长期驻扎在当地不走的预报预警地方军。

②群测群防监测系统能对大范围内大量的地质灾害隐患点实施监测和预警。能迅速发现险情并及时上报，对崩、滑、流短临预报来说，能及时预警自救，减少人员伤亡和灾害损失。

③群测群防系统使专业监测耳聪目明、反应快捷，能及时发现隐患险情，及时监测预警，提高专业监测的能力和成效。

（2）群测群防体系的构成与建立

群测群防体系分为区（县）级监测网（一级网）、乡镇级监测网（二级网）和村组级监测网（三级网）的三级监测网。

①区（县）级监测网（群测群防一级网），负责该区（县）境内的重大地质灾害隐患点的监测预警。

建立区（县）级群测群防监测站，进行多种手段的常规监测；进行灾害应急调查、应急监测、抢险救灾；负责该区（县）的监测系统、信息系统和预警系统；负责本区（县）的群测群防的技术指导和管理、群测群防的信息管理，成为群专结合组成的监测预警系统的结合部。

②乡镇级监测网（群测群防二级网），负责该乡镇地域内较大地质灾害隐患点的监测预警。

其监测手段是定人、定点、定时进行巡查和简易监测，并做好记录、上报等工作。乡镇级监测网由分管该项工作的乡镇长负责。

③村组级监测网（群测群防三级网），负责该村组地域内的地质灾害隐患点的监测预警。其监测手段主要是定人、定点、定时进行巡查和简易监测，并做好记录、上报等工作。村组级监测网由村主任、组长负责，政府制定并发布防灾明白卡。

各区（县）群测群防体系，由区（县）政府组建，由分管地质灾害的副区（县）长负责，区（县）地矿部门和区（县）级地质灾害监测站进行业务指导，按各乡镇、村组进行落实，责任落实到人。建立预警预报体制，保证信息畅通，便于政府快速决策。灾害点确定的基础地质资料根据调查提供，由区（县）级监测站现场核查并布置监测方案，落实到村组监测人。一般进行简易的相对位移监测，做好记录，要重视宏观变形监测。

群测群防体系建立后，其组织状况、监测状况要由区（县）级监测站采用微机管理。该体系应根据需要及时加强。区（县）地矿部门、区（县）级监测站主管应进入区（县）级群测群防机构并出任常务副主管。群测群防体系的启动，须进行科普宣传和教育，要编制出版教材、挂图、音像制品。因此，须宣传教育经费予以支持，须配置一定的监测仪器。

第六章 突发地质灾害的应急防治策略

第一节 突发地质灾害的应急准备规划

一、应急准备规划方法

提高应急管理能力，不仅要注重地质灾害发生后的应急处置，还要注重发生前的应急准备。应急准备（emergency preparedness）是指采取应急规划、组织、建设、培训及演练一系列行动，建立和维持必要的应急能力。吃一堑长一智，人们逐渐认识到应该为对付自然灾害做好准备，但是，往往缺乏行动。在实践与研究方面，美国、英国、加拿大等国家已经将应急准备从应急管理过程的一个环节转变为支撑应急全过程的基础性行动，包括预案编制、组织、装备、培训及演练等，贯穿于应急管理的全部任务领域。多年来，我国沿用自上而下的预案贯彻机制，使得应急准备情景适用性不足。例如，对应急准备的认识还不统一；缺乏应急准备规划研究，目标能力缺乏前瞻性和适应性；用经验指导应急准备等。

（一）规划方法

在以往突发地质灾害防治规划中，主要采用基于情景的规划方法（Scenario-based planning，SBP），情景规划有赖于经验总结，由于案例积累有限，已有认识缺乏理论支持，难以适应系统规划需要。应对不同情景，面临着灾害风险不同的和已有的应急资源不同的情况，处置目标应科学合理确定，根据目标确定应急能力的需求，进行分期分区分级计划准备。因此，这种方法是基于能力的规划方法（Competence-based planning，CBP）。应急情景具有不确定性，目标能力是区间值，包括标准能力和应变能力，应变能力体现的是临机决策、资源调配和协同能力。以应急预案为指导性框架，应急准备规划分四个步骤进行：第一步，风险调查评估，确定应对需求；第二步，确定应急目标，列出通用处置任务和专项处置技能；第三步，评估现有应急能力与目标能力差距，进行能力建设任务设置，包括技术、人员、装备等；第四步，按照应急管理阶段，进行分期能力建设计划。

（二）分类分级分区分期

为提高应急准备的有效性，需要对适应灾害风险特点、应对处置需求、应急资源水平和应急准备能力进行分类分级分区分期部署。按照灾害类型，区分崩滑流和地面塌陷两类进行准备。前者集中表现为山体的变形破坏效应和物质的运移，侧重临灾预警、避险排险与应急治理；后者则表现为隐伏地质体的变形破坏，进而导致地表盖层的变形破坏，侧重于地下探测、范围预测与风险管控。按照行政层级的应急准备规划是容易理解的，划分为社区、县、省（或重点地区）和国家等四级。国内外应急准备分级，从功能上分别赋予了战略、行动和战术（例如美国、英国等），或者政治层、战略层和战术层（例如爱尔兰）等含义，反映不同层次规划所应具备的前瞻性、考量尺度、适用范围和可操作性等，同时，又兼顾了跨区的应急资源的调配需求。分期规划，取决于政府应急管理决策行为，一般与经济社会发展周期相一致。例如，我国应急能力的建设规划与国民经济与社会发展的规划周期相一致；从世界减灾大会、世界滑坡论坛等全球性防灾减灾活动可知，应急准备的国际步伐也是以五年为一个周期的。

突发地质灾害的发生是地质-社会相互作用的过程，因此，这里的地质应急准备分区，不是仅供出现了灾情险情事件以后才用的，更重要的是防止事件发生而应用于事件发生之前，这样构成递进式防灾应急模式，体现现代应急准备的理念。本节所述地质灾害应急准备分区，主要依据如下。

1. 区域不均衡性矛盾

基于现阶段应急资源的用途分类，进行我国地质灾害应急资源区划初步研究显示，地区差异性明显，例如，浙、赣、湘、黔、吉、辽、晋和陕等地区较丰富；京、冀、豫、鄂、渝、闽、粤、内蒙古、宁、津、琼、鲁、苏等地区中等；藏、新、甘、青、川、云、桂、皖、黑等地区资源不足。

2. 区域差异性处理

地质灾害是点状的，再细致的分区，也难以精确描述分区的外部公共性和内部相似性，因此，应急规划分区仅做宏观分区。县级行政单元内的常规地质灾害防治，忽略内部自然环境的差异性。

3. 假定应急封闭式

若将应急理解为广义的"应急"，特定行政单元内的应急行动是封闭的循环过程。根据应急意义明确、主导因素、可对比和容易获取等原则，选择地质灾害易发性、历史灾情水平、应急资源现状和经济地理条件等作为分区评价指标。其中，易发性体现了应对频度和处置强度；历史灾情指一个地区的阶段风险水平，可用因灾死亡人数和直接经济损失综合测度；应急资源，包括监测、处置和重建等资源；经济地理指标对应急的影响是综合性的，暂不参与评价，仅作为分区调整使用。根据生产实践原则，以县级为评价单元；根据主导因素原则，采用自上而下划分途径，分三个步骤。

第一步，以"历史灾情指数"和"应急资源指数"为指标，确定出单元；

第二步，利用易发性指标，修正上述分区结果；

第三步，根据分区为应急服务的原则，参考经济地理分区，进行分区结果合并与解读，满足应急管理行政行为性质。

按照应急准备需求程度由高到低，将县级崩塌滑坡灾害应急准备、泥石流灾害应急准备和崩滑流灾害应急准备划分为A、B、C、D和E等五个等级，其中，崩滑流灾害应急准备各等级分别包括313个、716个、766个、562个和119个县（市）。

二、城镇应急准备

城镇化是现代化的必由之路，我国城镇化进程举世瞩目。当前，迈入了新型城镇化阶段。国家新型城镇化规划指出，新型城镇化应尊重自然、立足实际、以人为本。在人口迁移和城市形态塑造的过程中，趋利避害、减轻灾害风险是建设安全城镇的主要课题。

（一）城镇地质灾害特点

山区为"水塔"和"生物多样性"的核心，是资源和生态能源集中地，具有天然的资源环境禀赋优势。从时间轴上看，在区域竞相工业化发展中，山区开发进程相对落后，资源利用率和环境扩容尚有潜力，山区城镇化不是没有空间，而是难点多。与平原地区相比，山区多为中小城市和小城镇，用地条件制约了城镇功能及布局的优化，面对地质灾害风险，较为脆弱，灾后重建也缺乏弹性。不同地域的山区城镇灾害地质条件存在较大差异，譬如，西南高山峡谷区底子太薄缺少缓冲区，西北干旱山体若遇极端降雨将是大考，东南低山丘陵区小流域特征突出。在我国，与丹巴、北川、舟曲、绿春等地形地质条件类似的山地城镇还有许多，有的位于河谷岸坡，有的处在山间坝地。

城镇地质灾害有以下特点。

1. 直接损失严重，而且非常容易产生连锁效应，间接影响深远。

2. 自然和人为因素交织。户籍人口与常住人口之间差距，造成承灾体的流动性。土地城镇化和人口城镇化速度之比值远高于发达国家的经验合理值，带来规划不当、"先地上、后地下"、大挖大填、快挖快填、降低蓄滞水功能、设防标准不足，软实力滞后于物质聚集，疏于管理等风险要素问题。

3. 由于异地安置难度大，出于现实考量，就地重建缺乏整体性长远规划，后期处置与恢复重建压力大，真正做到减灾不容易。

（二）应急准备分析

世界各国城市发展经验表明，新型城镇化进程离不开地质服务。改革开放以来，伴随着大中型城市发展，我国区域稳定工程地质理论与重大地质工程问题，形成了完备的理论体系，有着与城市宏观发展规划相适应的大量实践，基本研究完成了我国城镇化宏观实体布局。近年来，在进行功能区划、地震灾区重建和重大工程规划时，地质专家的意见越来越受到重视。近年来，区域稳定动力学理论的创新发展，又增添了城市地质安全规划的科学工具。当前，各地立足新型城镇化，在创新地质工作，尤其是大尺度、动态化、精准化的调查评价服务，发挥着不利地质事件预判与规避的指导作用。

增进对地质工作基础性和先导性的认识，将地质灾害防治贯穿于城市规划、建设与管理全过程中。在风险隐患及重要基础设施脆弱性的调查评估基础上，划定危险图，编制风险图，科学合理规划城镇生态功能布局，提高地质工程设防标准，强化隐患治理与关键承灾体保护工程，建设应急避难场所；健全减灾资源共享、增强预警发布、响应动员和协作能力，提升社区应急管理水平。重点内容如下。

1. 评估规划

把地质灾害危险性区划纳入规划基本体系，将其作为第一层级的评估要素。地质灾害危险性评估不只是单点的、个别地段或场区的，更是生态地质环境质量的集中体现，将评估结果表达为城镇化防灾减灾红线。取消地质灾害危险性评估备案制度，恰恰说明了它的重要性，增强了评估的动态性、实效性，体现了源头治理与依法治理。

2. 设防标准

适用于城镇化防灾减灾，现在设防标准不只是低了，还不够系统和精细。勘察重要集镇隐患，对监测预警与治理工程，既要工程设计，还要运维设计；地质工程严格按照基本程序、工期和标准；对关键设施，实施必要的保护性工程。

3. 社区能力

发挥社区治理主体多元化和目标过程化优势，共同参与隐患排查、风险评估与应急计划制订，达成减灾共识、行动指南及规范。

4. 监测预警

建立专业化监测网和全覆盖的警报系统；针对重点基础设施，建立应急决策系统。

5. 动态管理

在城镇化过程中，城市在扩展，人员在流动，地质工程深度广度在增加，应及时调查采集这些要素变化情况，动态评估，及时更新应对措施。

6. 预案完善

梳理城镇地质灾害情景，进行风险制图，明确风险隐患和基础设施，建立资源共享、应急动员和协调联动机制，制定长期的弹性恢复能力。

7. 科技支撑

开展城市风险要素综合监测，建立定量风险评估模型；研发信息化、智能工程应急响应系统；开展关键基础设施易损性评价、风险预测与应急保护能力建设。

三、社区应急准备

（一）社区应急准备概述

1. 全球脆弱性的增加与降低的期许。历史上发生了大量的来自人为的和自然的灾难，当全球的人口不断增加而资源越来越有限时，使社区越来越容易遭受灾难的危险在不断增加。由此所造成的伤害、病痛、死亡以及社会和经济的失调、环境的破坏是可以通过降低脆弱性的各种措施得以减少的。

2. 社区脆弱性：易感性和适应性。社区是一个国家中最小的社会组织，它具有有效的社会结构和潜在的行政能力。社区同周围的环境和灾难之间有着密不可分的关系。它们相互作用的结果可能是积极的，导致脆弱性降低；也可能是消极的，导致脆弱性增加。

（二）社区的应急准备的原则与过程

应急准备是一个长期发展活动的计划，其目的是增强社区的接受力和能力，用以有效地处理各种应急事件，度过危机，持续发展。它通过建立支持性的政治、法律、管理、经济和社会环境来确保应急事件的准备，使之协调、有效利用可用资源，达到减少灾难对社区影响的目的。

1. 应急事件准备应遵循的基本原则

（1）动员公众的广泛参与。

（2）应该根据社区、政府和非政府组织的行政部门的具体情况。

（3）应该建立在脆弱性评估的基础上。

（4）应该集中于过程和公众而不是文件。

（5）不要孤立地进行，而是和社区整个发展政策、策略相联系。

2. 应急事件准备的过程

应急事件准备的过程是一系列社区、组织做出准备的相关的方法或一系列针对应急事件采取的行动，包括以下几个方面。

（1）发展政策：政策发展包括发展中的应急事件管理立法。阐述对应急事件做准备的责任和专门处理应急事件的权利。

（2）脆弱性评估：用来鉴别脆弱社区的各部分以及它们采取何种方式；灾难可以影响社区以及如何影响社区；致使一个社区脆弱的因素和脆弱性如何降低等。

（3）应急事件预防：基于脆弱性分析，涉及减少应急事件可能性和后果的技术和组织方法，也涉及社区的脆弱性。

（4）应急计划：主要包括应急事件期间和之后贯彻反应和恢复策略；对这些策略的责任；已经应急事件需要的管理结构；资源管理需求。

（5）培训和教育：包括培训应急事件管理各方面的人员，通告社区各种灾难、应急事件期间需要采取的行动和参与应急事件管理的方法。

（6）监督和评价：决定准备计划开发和贯彻好坏，为了改进它需要什么。监督和评价是个连续的过程，它贯穿于政策开发、脆弱性评估、应急事件管理和培训教育中。

第二节　突发地质灾害的应急调查评估

一、应急调查

（一）应急调查部署

1. 基本认识

这里的应急调查指的是在应急响应行动中以突发地质灾害灾情险情事件为对象的专项调查行动，是还原灾害过程、评估核定灾情、研判险情趋势、成因分析论证和进行应急治理工程设计的基础工作。"应急调查技术"是应急防治科学研究的主要内容之一。在处置实践中，容易将灾害应急调查与灾害地质调查相混淆，沿用常规技术定额衡量应急调查质量，使得成果无法满足应急处置决策的需要。

2. 调查方案

应急调查的目标是，查明地质灾害发生的时间、地点，致灾因素、相关地质环境要素，结合降水、温度、地震、水位或变形位移等监测资料，查证对事件发生已经产生或可能有引发、影响作用的自然和人为因素，为应急处置决策提供依据。在抵达现场后，应快速调查评估当前应对情景，包括灾情、险情及先期处置进展，明确应急处置需求，明确调查目标，会商制定应急调查方案，进行调查任务、范围、内容和方法等具体部署。

应急调查范围，应围绕灾害体，构成相对完整的斜坡单元或小流域单元。若现场判定存在次生灾害的可能，还应初步研判可能波及的区域，将其纳入调查范围。应急调查内容，一般包括灾区地质环境条件、灾害地质条件、灾害地质体地表（地下）物质及结构、已有变形破坏现象、变形失稳及运移过程、已经造成的灾情、存在险情及威胁对象、承（受）灾体的状态、潜在的危害等，并检查已实施防治措施的损毁状况。在同一调查点，宜一次性完成所有内容的调查。根据灾害情景演化和临机处置需要，应及时增加或减少应急调查内容。为保障抢险救灾地质安全，应参照地质灾害排查规范，排查抢险搜救作业、进出场道路、临时安置等应急现场的地质灾害隐患，提出避险防范建议措施。结合应急监测，快速识别灾害分布范围、危险区范围、已有变形破坏痕迹和造成的危害分布等。编制灾害体平、剖面实测图或素描图。借助模拟手段，还原或推演灾害经过。充分利用应急调查认识和应急监测结果，采用工程地质分析、简单定量计算或专家会商评估等方法，综合评价灾害体稳定性、评估次生灾害风险，预测危险区，划定核心危险区和扩展危险区。灾情调查、统计和核定，按照地质灾害灾情统计的规定执行。当因灾造成特大型经济损失时，还应评估可能的灾后经济影响。

当灾害涉及范围较大时，例如，超出通视范围（大于 10 000 平方米），为高陡危岩或沟谷泥石流，在地面调查的基础上，应借助机载设备低空遥感调查测量。当无法开展地面调查或遥测，无法确认主要事实或需要实施应急治理工程时，且在现场实施条件和时间允许的情况下，应选择高效、快速的钻探、物探手段，开展针对性很强的应急勘察。除了对灾害地质条件的观测认识外，应急调查还承担着寻找证据和线索的任务，记录应完整有效。对重要的灾害痕迹和物证应取样、拍照，对主要当事人的访谈应注重程序，采信资料必须注明来源的合法性。

结合应急监测、成因分析论证和应急处置情况，编写应急调查报告，并对下一步应急处置工作提出具体的措施建议。在应急响应过程中，应急报告往往是阶段性的。在多种形式上报的应急调查报告中，以最终的正式报告为准。正式应急调查报告需要经专家组会商论证和应急指挥部审定后，方可成为应急决策依据。报告内容主要包括：①抢险救灾工作概况，包括灾害发生时间、地点，已经造成的灾情、形成的险情、先期处置与抢险救灾工作情况，应急调查概况；②灾害基本特征，按照时间线条，梳理灾害孕育、发生与发展的全过程，突出关键节点描述灾害类型、规模、区域地质环境、灾害体物质、形态和结构、危险区范围及危害机制等；③成灾原因分析，分别描述对灾害形成与发展有影响的地形地貌、地质条件、岩土体及其结构、水文等自然环境或人为活动因素，根据各因素与灾害的时间、空间和强度相关性，区分根本条件、引发因素和加剧灾害的间接因素，并针对技术、教育、管理等因素，分析间接影响；④已采取的处置对策、措施及发展趋势预测，记录灾害发生前、后所采取的监测预警、避险防范与应急治理等防治措施，评估其处置效果，描述灾害体稳定性、扩展稳定性和堆积体稳定性，以及可能的次生灾害或衍生灾害风险；⑤后续防治建议，根据风险趋势，提出下一步应急防治和后续防治措施建议。

（二）应急调查方法

近年来，卫星影像、无人机、三维激光扫描等新技术、新手段得到应用。但是，还没有成为系统化的方案。

与常规调查相比，应急调查时效性强，调查目标对象明确，宜采用精准高效的快速识别方法。根据情景、目标和工况，采取的方法手段应具备的技术条件包括：①进场便利，灾害现场多地形起伏，交通不便，土建、用水和供电不便；②非接触式，灾害体不稳定，风、降水、温度、湿度和振动等干扰因素多，人工观测危险性较高，宜采用遥感、摄影测量和激光扫描等非接触式量测手段；③作业周期短，实践表明，24小时内进场，单次作业周期小于8小时；④量程比大，以危岩体裂缝量测为例，若量程比较小，可能导致量测失效；⑤自动化量测，自动化观测人为技术失误较小，便于记录分析，自备电源应满足单次作业的需要，校准核定便利。

不同的调查手段，应急适用性不同。

1. 地面调查

（1）资料收集，是指收集已有相关成果资料、影像资料、观测数据等信息，对收集资料的引用应注明来源，是应急调查的基础手段，简单易行，但是，信息须甄别，气象、地震动、水位等信息，应以相关部门提供的观测记录为主。

（2）访谈问询，通过被访谈者描述采集重要事实查证信息，还原事发前的情景，对灾害原因、间接原因进行认定、对应对进行过程评估等，通常需要遵循一定的调查程序或被访谈人认可，保证具备法律效力。

（3）现场量测，工具包括罗盘、锤子、高精度 GPS（兼具测距功能）和记录本（调查表格），采用追索法或穿越法，采集目视信息，具有直观、综合和同一地点可完成多项调查内容等优势，适用于应急工作部署和重要信息的查证，应注意调查人员的人身安全。

2. 地下探测

（1）工程物探，初步查明灾害地质体的空间分布状态、地质结构及滑床深度、软弱夹层及覆盖层厚度，选择适宜的地球物理探测方法作为辅助手段，与钻探或数值模拟手段配合使用。

（2）工程钻探，查明深部工程地质、水文地质条件，采集深部岩土体样品，揭示隐蔽地质信息，存在进场困难、临灾阶段成孔困难、灾后堆积体存在卡钻、塌孔、漏风、孤石钻进慢等不利条件，适用于复杂地质条件查证或者实施重大应急治理工程勘察。

（3）山地工程，包括坑、槽、竖井、洞探等，对隐蔽地质现象揭露、观测、采样与测试，检查地面调查认识的可靠性，临灾应急应选择安全有效的工程部位，灾后应急应结合搜救挖掘工作进行。

（4）测试与试验，通过原位测试或室内分析，将采集的样品进行试验测试，获取岩土体或承灾体物理、化学或结构测度的量化参数，以原位测试为主，前提是满足时效性，适用于成因认定复杂和实施非简易应急治理工程的情景。

3. 遥感调查

低空遥测，用无人机、热气球等低空机载工具，搭载摄影测量、激光扫描、Lidar 等设备，从空中对地实施非接触式的观测，动态获取面域影像，并解译出相关的信息，适用于面积较大，或应急排查，或通视条件差的情景。

地基扫描是基于激光测距原理，采集地形和地质数据，常见设备有三维激光扫描仪、边坡雷达等，具有面域广、高精度观测优势，适用于地势险峻或无法接近，且须精细测量等情形，由于费用较高，设备配置数量较少。

UAV 为无人驾驶飞机（Unmanned Aerial Vehicle）的英文缩写，简称无人机。它是通过无线电遥控设备或机载计算机程控系统进行操控的不载人飞行器。无人机最早出现在 1917 年。随着计算机技术、通信技术以及各种新型传感器的迅速发展，无人机系统的性能不断提高。近年来，无人机作为飞行平台搭载各种数字化、质量轻、体积小、探测精度高的新型传感器（如高分辨率数码相机、多光谱 CCD 相机、红外摄像仪、矿磁系统、大气采样仪、可见光摄像机、机载激光雷达等）和小型化机载设备，结合各种学科知识和先进技术的应用，形成了低空遥测系统，应用于地质灾害调查与监测。相比其他机载设备，无人机具有实时性、成本低、响应快、灵活度高等特点。与普通的航空遥感与卫星遥感相比，无人机技术弥补了小区域、大比例尺的测绘问题。在地质灾害应急领域，自 2008 年的汶川地震以来，无人机机载遥测技术被频繁应用。

相较于传统的大飞机搭载摄像机航拍作业的航摄方式，无人机可实行就地起降，且可以在阴云天气摄影，飞行高度低，可以获取高分辨率和高清晰度的影像信息。同时，无人机飞行速度慢，航速为每小时几十千米，能灵活应对地形复杂条件，得到精准影像。配合后处理软件，能自动化生产数字高程模型（DEM）、数字表面模型（DSM）和数字正射影像（DOM）等产品。通过获取的 DEM、DOM 等图件，可以针对灾害体开展室内测量等相关解译工作。低空遥感影像识别的方法主要是：通过人工判读方式，结合实地影像，识别和分类提取灾区反映灾情的地物目标，采用定性、定量的方式描述灾害体。同时，结合不同时相、不同来源数据的对比和交叉验证，可分析灾害特征目标的空间位置、地理分布、形态变化等基本信息。

二、快速评估

（一）动态风险评估

在突发地质灾害灾情险情情景，灾害风险处于快速演化过程中，应急决策需要及时研判风险动态，针对性处置。以地质灾害气象预警为例，目前已覆盖全国地质灾害易发区，其预警预报的原理是对降雨引发地质灾害风险的动态识别评估。现阶段，预警预报多采用的是基于历史数据统计规律的雨量阈值模型，其核心是对目标区域内阶段性静态风险的一般分布情况的识别。由于滑坡、崩塌和泥石流具有隐蔽性和突发性，且囿于降雨落区与强度的预测水平，灾害预报预警精度仍然较低，有时会出现过度预警过度或者盲目响应的现象，导致预警信号发出后，临机决策面临着响应级别模糊、靶区不明和时机不好把握等难题。为解决这一问题，迫切需要进行动态风险评估，即在一次降雨过程中，要对灾害风险动态分析、实时评估，不断优化预警等级、区域和时机。

1. 动态风险评估现状

静态风险评价与动态风险评价是风险研究的两个方向。静态风险评价主要基于长期观测数据统计，为宏观管理规划服务。动态风险评价主要是针对具体灾害事件或一次短期过程，基于基础数据资料和灾害过程数据，连续地识别风险及趋势，可直接应用于应急处置。

在国外，动态风险评价已成为风险评价领域内的发展方向。动态风险评价主要应用于隧道施工、石油化工、核能、火灾、环境保护、航天工程、经济等领域。研究表明，风险评价的动态性体现在风险要素动态，及其之间的动力作用。评价方法主要有动态过程评价、动态概率评价、动态综合评价和多智能体评价等方法。其中，动态过程评价方法，将评价结果根据风险管理的实践进行数据更新与修正，进行下一轮风险评价，随着评价次数的增加能使结果趋于完善和真实。

在地质灾害方面，动态风险评价方面尚缺乏研究。有学者按照单体滑坡动态稳定性的理念，进行了库岸滑坡风险动态风险评价。

2. 动态风险评估研究

按照风险评价模型框架，采用动态过程评价方法研究，通过因子动态分析，提出修正模型。式（6-1）为地质灾害风险评估框架模型。在一次降雨过程中，动态因子有实时降雨、灾情、险情和承灾体状态，依托群测群防监测体系，均可以实现实时反馈更新。在静态模型基础上考虑上述动态因子，依据动态过程评价方法，建立动态风险评价模型，如式（6-2）所示。在危险性动态方面，诱发因素降雨分解为有效雨量和实时雨强；灾情险情是指过程中已经出现的灾害后果和灾害迹象，直接显示危险性状态，根据相似原理由点状监测信息辐射到评价区域，对区域易发性进行动态更新。在易损性方面，以承灾体状态修正静态易损值。

$$R_t = H \times V = (S \times R) \times V \qquad (6-1)$$

$$R_t = H_t \times V_t = (S_t \times D_t \times R_t) \times (V \times B_t) \qquad (6-2)$$

式中：R 为总风险；H 为危险值；S 为易发性；R 为降雨；V 为易损值；D 险情；B 为承灾体状态；下标 t 表示动态因子，没有下标表示静态因子。

采用过程评价方法，通过易发性动态相似度更新、有效雨量实时监测、承灾状态等过程分析，可建立动态风险评价修正模型，实现原型分析—信息采集—易发性更新—易损性更新—动态风险区划。按照实时动态因子，采用地理信息系统进行动态风险评价区划，评价流程包括五个步骤。

第一步是原型分型，进行评价区描述；

第二步是动态因子监测与信息采集更新；

第三步是依据灾情险情监测信息，依据地质环境相似度计算，更新易发性分区；

第四步是依据灾情险情及避险防范状态，更新人员和道路两项主要易损性指标；

第五步是基于模糊综合评判的动态风险区划。

在降雨过程中，承灾体所处的状态是随着降雨、险情、灾情状况动态变化的，通过事件树分析，并进行指标更新。

（二）应急数值推演

1. 数值模拟应急适宜性

数值模拟技术具有低成本、高效率，且多工况模拟等优势，在公共安全、气象、水资源与环境等应急事件领域得到广泛的应用，其决策辅助功能突出。然而，数值模拟技术在地质灾害应急领域现场应用却并不多见，尚未形成一种范式的程序化方法，主要原因有：数值模拟技术条件受应急工况限制；长期以来缺乏对数值模拟时间效率的考虑，常规模拟耗时较长，难以满足应急时效性需求；灾害体特异性使得数值模型及其模拟结果难以得到普遍认可；数值模拟带有较强主观性，降低了结果的可信度。

在实践中，已经积累了大量数值模拟技术研究成果，尽管缺乏应急情境下分析，但是，其应用成果为数值模拟技术应急应用提供了技术基础。"情景-应对"模式，有利于发挥数值模拟技术优势，满足现场情景多变的现实要求。例如，灾情应急侧重成因判断和减灾措施，借助数值模拟反演，理解灾害形成原因、危害机制和过程；险情则强调动态监测预警和灾害体应急处置措施的选取，借助数值模拟技术可研判危险性、预测危害范围，并为应急治理现场概念设计提供依据。设想数值模拟能够实现快速的情景推演和危害范围圈定，将具有直观的实效性。

2. 技术条件分析

文献分析表明数值模拟在常规和应急状态研究内容具有一致性，即灾害体稳定性分析、变形机理分析、破坏过程推演和处置工程推演等四个方面。在现场应急处置的过程中，应急调查快速查明灾害体周边工程地质条件，是现场应急模拟几何模型和物理力学参数等基本信息的主要数据来源，是建立初步数值模型的基础。此外，现场动态应急监测实时掌握灾害发展趋势，为验证数值模型的正确性和修正参数取值提供拟合数据，以便灾害体关键部位的迅速确立。应急治理阶段，数值模拟方便考虑支护结构与灾害体的耦合作用，动态反映处置措施的有效性，满足灾害应急求实效的客观要求。然而常规数值模拟应用非直面应急情景，必然与应急数值模拟技术条件存在差别。

应急决策需要快速研判滑坡稳定性、推演可能的滑动过程，不要求模拟结果十分精确，但必须是可靠的，这是安全法则所决定的。分析突发地质灾害应急响应技术流程，表明数值模拟技术在实际应急处置过程可以发挥辅助应急决策作用，应急响应启动之后便可介入。

针对灾害应急情景模式，使数值模拟技术应用更加高效，有必要分类建立灾害类型数据库，库内包含常见典型应急案例数值模型建立、方法选择和主要参数类型及取值等基本类，以便应急处置过程中直接调用，在此基础上做出特异性修改；同时为规范化建模，有必要探索半自动和自动化应急建模技术，最终实现参数输入、模型输出的现场应急快速建模，也有利于数值模拟技术更为广泛的应用，当然也要充分降低数值模拟主观性因素的影响，增加模拟的准确性。

第三节 突发地质灾害的应急监测、预警及避险疏散

一、突发地质灾害的应急监测与预警

借鉴美国突发事件应急的通用任务列表，监测预警贯穿应急管理的全过程。由于事前缺乏观测基础，事后应急监测就成为重要技术保障。近十年来，环境领域应急监测技术发展迅速。滑坡、山体崩塌和泥石流灾害有其独特的突发性、隐蔽性和复杂性，目前区域地质灾害预警预报尚难以对单点灾害位置、规模、运移路线和覆盖范围有所估计和预测，一旦突发灾情险情，在应急响应中离不开应急监测技术保障。尽管全国业已形成覆盖易发区的群测群防网络和基于历史阈值统计规律的气象风险预警系统，且随着计算机、无线通信和物联网等新技术方法的发展，远程、自动化监测也有很大发展，但是，一系列突发地质灾害事件应对处置实践表明，应急监测技术尚缺乏研究。

已有监测理论和实践，主要是为防治研究或防治规划提供长时间序列的观测数据保障，普遍缺乏从突发事件应急管理视角的观察，或者将应急监测与基于预防预警机制的一般调查观测、群测群防等相混淆，或将应急监测理解为"快速监测"，导致应急技术适应性不足，常常出现"过度预警"或"盲目响应"等现象，有时也可能带来技术风险。

（一）应急监测模式

依据国家突发地质灾害应急预案中"应急响应"及"应急技术保障"的规定，并未提及"应急监测"，仅要求应急响应期间"加强监测"（针对"预防预警机制"中的规定）。但是，一系列重大地质灾害应对实践中发现，实施"应急调查""应急评估"离不开精细化的跟踪观测数据的支持。在环境监测领域，应急监测被定义为"突发环境事件发生后对污染物、污染物浓度和污染范围进行的监测"。

综合语义、应急实践和相关研究，将书中"应急监测"定义为"在应急响应行动中，紧急开展的地质灾害监测与预警行动"。

1. 应急监测设计

应急监测方案设计，建立在对灾害体全面调查分析的基础上，注重时效性和预警与响应的一体化。确定具有控制性的岩体、形变最强烈的部位、可能的变形失稳范围、代表性指标和关键引发因素等，是应急监测方案有效的关键。如何从错综复杂的形变行迹中选择有代表性的部位和监测方法组成监测网，通过各类传感器及时准确地感知灾体的变化，实时获取变形信息，分析预测灾体发展趋势，成为应急监测设计的核心内容。

常见监测要素包括降雨、地震、温度等自然环境条件，灾害地质体形变及相关的应力应变、地下水动态、地表水动态和宏观破坏前兆等。在应急响应初期，根据案例经验和先验知识，应急监测设计依据是不完备的，主要是事前监测和先期处置信息。在常规监测要素中，选择显性的控制性风险触发因子、灾变动态可靠性因子和灾害损失敏感因子。譬如，降雨、震动等引发因素、阻滑段地表形变、危岩锁固段结构面相对位移、沟谷断面泥水位等。往往忽略强度因子和抗损因子。鉴于灾害不可预期性，相比常规监测，应急监测方法选择、网点设计和监测频次的确定并不具备系统性、完整性条件，也没有通过阶段性粗测分步设计的时间条件，多依托先期监测网进行临机设计，并随着灾害演化动态加以优化。由于应急工况复杂，应急监测网布设不一定满足规则网型要求，而是突出对关键点或区段的控制，即局部部位按照定量插值和统计检验的需要布设测点。选择宏观征兆目视监测、关键点专业监测和面域扫描监测相结合的方法。安全起见，可实施物理监测和经验观测两种方案相互校验。逆向跟踪确定监测频次，先密后疏，最大频次以实际监测能力为准，最小监测频次应满足灾情险情速报和决策需求。根据应急信息"弱信息、松耦合、高内聚"特点，对监测数据集成分析。通常对危害、规模特大的地质灾害，一般布设三条纵贯灾害体的监测剖面和适当的短辅助剖面。规模、危害重大的灾害，多布设一条主纵剖面和必要的短辅助短剖面，并在地面有代表性部位、控制性主干裂缝上布置适量的裂缝和位移监测点。对降雨敏感型灾害体布置雨量自动监测。有条件的在主监测剖面上设置地下深部位移和地下水监测，关键部位设置远程视频监控系统，以此构成纵横交织的综合应急监测网，实时掌握灾害体的变形发展状况。

在预警判据生成和预警信号设定方面，已有研究多是以统计阈值为基础的概率水平的阶段性风险判定，属于静态评价，难以描述灾害地质体快速演化带来的风险变化，容易造成响应级别模糊、靶区不明和时机不好把握。为此，从预警判据生成的基本原理出发，根据过程风险管控和权变决策的需求，宜采用无固定预设阈值的递进式动态风险判据：首先，根据绝大多数地质灾害事件的链式特征，依据引发因素、灾害地质体和承灾体之间的相互作用，建立灾害事件树形演化进程，基于"连锁效应"原理，确定阶跃点，作为预警阈值；其次，通过速度预测，基于"有限传播"原理，确定预警时机。需要指出的是，因预期风险常难以准确判定，预警判据和信号生成应采取多级标准，依据阶段处置目标确定。

2. 应急监测设备

应急监测中选采用的设备，应满足技术条件。设备技术条件可概括为：①携带轻便，单人可携带，便于进场；②环境适应，简化监控主机及传感器的部署方式、防护外壳及传感器挂架安装布设方式，简化基础浇筑、监测杆的安装等复杂工序，能够在雨、雾、寒、暑、昼夜等环境正常运行；③适配功能，具备多参数采集功能，以适应不同灾种监测的需要，传感器接口具有较好的开放性，信息采集与传输适应不同种类的量测方法、参数、分辨率、量程和采样频率等；④稳定可靠，数据传输不受 GPRS 网络限制，具备北斗卫星网络，并做到多网络的平滑过渡、无缝切换，提供可靠稳定的数据支持；⑤自主性，具备在一定时间内独立工作的能力，能源自持，监测数据自动采集和传输，减少现场人员观测风险。

（二）典型情景监测

1. 滑坡灾害

（1）临滑情景

当灾害地质体处于失稳破坏短临状态，容易受重力、降雨、地震等外界因素扰动，灾害风险有不确定性、敏感性和急变性。应急监测目标任务是通过跟踪量测灾害地质体与风险要素，掌握灾害地质体动态、关键部位变形破坏及其随时间的变化，为会商定性、处置方案论证和紧急避险提供依据。例如，2005 年四川丹巴建设街滑坡险情处置，采用了地表仪器监测、人工监测和地面巡查相结合的监测措施，动态预警为应急治理赢得了时机；在长江三峡链子崖防治工程中，布设的立体监测系统，实时记录并及时预警，为适时决策应变，避免重大灾难做出了贡献。

应急监测内容包括滑体形变、可能加剧滑体破坏的降雨、温度、振（震）动等外在扰动因素，以及边界贯通性、建筑物形变、地下水及地表水动态、前缘剪出等破坏前兆等。按十字网型或任意网型布设测线，纵向测线沿主滑方向，横向横贯阻滑坡段，前后缘及坡体中部形变突出的坡体等部位加密测点。适宜采用接触式与非接触、点与面相结合的监测方法。对破坏前兆信息，依托群测群防目视巡测；专业监测方法有 GPS、测缝法和三维激光扫描等。若实施压脚、锚固等应急治理工程，跟设锚杆应力计、锚索测力计或埋设混凝土应变计。依据临滑逼近程度，监测频次可设置为 1 次/24 小时（或 4 小时、10 分钟），直至日常预防预警机制恢复。大量实例和现代非线性科学研究结果表明，斜坡岩土体变形演化曲线和坡体变形迹象配套规律。为满足应急准备、紧急避险和救灾响应等决策需要，建立宏观变形破坏迹象和形变时间曲线阶跃建立加速变形、加加速变形和破坏警报等三级判据。

（2）滑后灾情情景

在灾后现场搜救与安置中，通过对堆积稳定性、扩展形变及其风险要素的监测，进行二次灾害或次生灾害动态预警，保障处置的安全与高效。例如，以 2010 年甘肃舟曲"8·8"特大山洪泥石流灾害抢险救灾为例，其间降雨、堰塞湖水文、重大隐患点等监测发挥重要作用；2010 年陕西省子洲县石沟村"3·10"崩塌灾害应急响应中，人工瞭望监测为人工搜救安全提供技术保障。当突发滑坡灾害，应急监测围绕搜救安置展开，包括识别滑床周边隐患坡体或残留滑体带来的二次灾害风险、堰塞坝体溃决风险等，防范搜救安置中的地质灾害，指导对残余隐患坡体的清除和治理。监测内容包括周缘坡体形变、降雨和机械搜救扰动等外界扰动因素、残留滑体运移和后缘坍塌现象、可能存在的堰塞坝体稳定性等。

灾后很难新设监测网，主要依托事前群测群防网络进行巡查排查方式，对重点部位设置专人瞭望哨。监测重点对象是威胁搜救安置的隐患部位、残留灾害体、周边区域。必要时采用三维激光扫描方法，对关键岩体、坡体、堰塞坝体等动态观测。在搜救过程中，监测频次应为适时的。该情景预警靶体不明，很难预设判据，只是靠经验判据。

2. 泥石流灾害

在实践中，单沟泥石流险情应急响应是极为少见的应急行动。但是，对已知泥石流沟谷流域，当接到区域地质灾害降雨引发风险橙色或红色预警后，通常是需要采取紧急避险防范行动的。为此，这里将泥石流灾害应急监测的核心任务是确定避险时机。例如，2010—2013 年间四川省绵竹市清平乡"8·13"泥石流等典型避险案例显示，成功避险超前时间为 30 分钟。一次泥石流过程从发生到结束仅几分钟至几十分钟，流通区流速高达 20 米/秒，且流速较快、缺乏可控性。当泥石流启动后，泥水位、声发射或接触式探测等监测具有警报信号生成的意义，对启动前的水石耦合状态监测才是超前避险的有效依据。雨量为关键监测内容。在降雨过程前期，首先依据历史临界雨量经验阈值，进行预判。考虑到流域分段特征，降雨测点尽可能布设在上游。

一旦泥石流暴发成灾，应急监测的重点则转变为泥石流侵蚀作用及堆积带来的次生灾害，直至搜救结束且本轮降雨过程停止。若事前无专业监测网点，则以宏观目视巡测法为主；若沟道存在堵塞情况，需要设主断面监测；若挤压主河道，需要观测堰塞坝体等。对岸坡侵蚀新增影响搜救安置安全的崩塌滑坡隐患，分散布设人工测点。因事前无法预设事后预警判据，靠经验判定。

二、应急避险疏散

紧急避险原是司法概念，其本质是社会连带责任的需求，体现了国家、公共、公民利益的一致性。随着我国突发事件应急管理体系的不断健全完善，紧急避险逐渐被应用到突发事件应急管理中，即书中所述的应急避险，意指当突发地质灾害灾情险情，受威胁人员紧急采取的避险疏散行动。在山区，通过规划手段实施避灾移民搬迁比临灾应急避险和灾后重建有明显的比较优势，但是，由于现阶段我们对突发地质灾害发生的时间、空间和强度尚难以准确预测，且存在建设用地指标、搬迁重建资金和个体意愿等因素的限制，在实践中，应急避险仍是最为有效的防灾减灾途径。

避险范围的确定、避险时机的选择、避险路径的制定、安置场所的选址和避险结束的依据是与应急避险效率相关的五个应急防治科学技术问题。由于应急避险是承灾群体为执行主体的预防应急措施，上述问题的解决，受到个体灾害意识、风险感知、自主决策及避险等能力的影响。实践表明，在地质灾害高易发区内，应急避险是保障受威胁人员生命安全、减少伤亡的重要群测群防措施。由于受到多种条件限制，长期以来避险准备不足，尚缺乏专门研究，已有报道多为案例介绍，也没有相关标准与规范可依，影响到减灾成效。

（一）理论分析

1. 不同阶段避险需求

对突发地质灾害应急管理阶段的划分是界定避险响应过程、指导避险准备规划的基础技术依据。如表 6-1 所示，在监测阶段，通过对地质灾害风险的调查识别，进行避险准备与动态优化，并因地因时制宜建立避险启动决策判据；在响应阶段，依据灾害地质体风险的演进动态及其后果，实施具体的避险行动与临机决策；在恢复阶段，侧重于对避险状态结束的判定，以及避险前状态重置与优化。

表 6-1　应急避险管理阶段

管理阶段	避险目标	技术分析
风险管理	制订避险规划	地质环境监测与保护；灾害早期识别、易发区划与风险预防与规避
监测	准确及时避险	跟踪观测灾害风险与事态，在发现前兆时，及时预警
响应	快速安全避险	应急调查、监测与评估；应急防范与治理；应急搜救救助
恢复	结束临时安置	灾毁土地恢复；社区防灾减灾重建；隐患更新

2. 有限传播时间

滑坡、崩塌或泥石流，均是在重力作用主导下的地质体变形破坏与运移过程，其传播速度是有限的。通过对崩塌、滑坡或泥石流变形破坏演化及运移速度的判断，充分利用灾害地质体有限传播和超前预警之间的时间差，进行避险研判，是应急避险的基本原理。

3. 预警响应一体化

预警响应一体化是减少避险时机延误的关键技术保障，包括基于动态风险的多级预警模型和基于覆盖程度的预警信号设计。由于地质灾害发生时间和危害范围尚难以准确预测，使得发出预警信息后，避险主体存在侥幸心理。为解决这一问题，可通过监测地质灾害演化的过程，研判临灾状态逼近的程度，分阶段设定预警判据，并制定相应的避险准备与行动方案，利用技术措施提高避险预警响应效率。

（二）避险模式与避险准备

1. 应急避险模式

依据应急管理各阶段的灾害与避险情景与演化的时间、空间和强度三个维度特性（表6-2），确定出各阶段的避险目标能力设定为受威胁人员能够避险自救。以自救为导向进行避险响应模式设计。根据海因里希因果连锁理论，在一系列互为因果的原因事件相继发生的过程中，任一环节出现问题都有可能导致整个系统失效。采用故障树分析方法，针对案例典型避险情景推演，自上而下逐层细化故障树分析方法，建立基本避险事件的树状结构，构建避险情景演化的逻辑因果关系，寻找避险过程中的隐患节点作为模式设计的核心，将关键节点按照避险情景演化进程串联起来构成应急避险模式。

表 6-2　地质灾害应急避险特征属性

特性	预警	感知	行动
时间	超前预警时间、有效撤离时间、延误时间和地质体有限传播时间		
空间	隐患位置；运移距离；危害范围	撤离范围；安全距离	撤离路径；安置场地
强度	预警等级；预警范围；预警对象	敏感性；主动性；强制性	避险能力；互助意识；风险管制
目标	超前预警	预警响应一体化与应急准备充分	避险有序高效与可持续减灾

（1）监测

监测是发出避险预警的前置条件，监测网覆盖程度和预警判据准确性是关键点。主要避险任务包括对避险客体（地质灾害风险）的动态评估，避险主体进行自我避险和有组织避险的预判，进行避险准备规划，并跟踪风险演进状态，实施动态预警。

（2）响应

避险响应决策取决于对预警信号或避险需求情景的告知。包括应急预警信号接收、认定或当下避险情景的判定，以及避险预案的执行。根据灾害地质演化、风险演进及其分区差异和个体承灾能力的不同，无论是自主决策或者组织决策做出后，尽可能减少避险准备时间。

（3）恢复

避险恢复是以避险行动有效性评估为基础的，集中体现于灾害风险消除情况和残余风险的可接受程度，研判是否结束避险状态，进入恢复阶段。为积累避险经验，尚须根据超前预警、有效撤离、灾害地质体运移、人为延迟和行动速率构成的时间序列，进行总结评估。

2. 应急避险准备

根据全面应急准备的理念，从山地社区或行政村避险能力建设需求出发，依据上述避险模式，建立分阶段避险准备系统。

（1）监测阶段子系统

规划准备。通过区域地质灾害隐患专业调查评价与危险区划定，确定具有避险需求的人员，制订搬迁避让规划并付诸实施；对无法超前避让的群众，预先设定应急避险场所，寻找撤离路径，进行避险物资储备，开展应急文化建设等。其中，避险物资包括雨具、交通、通信等通用物资，在高山峡谷区、大江大河段等特殊地区还应因地制宜考虑修建应急避险码头等专用设施。

预警准备。依托突发地质灾害监测预警网络建设，完善滑坡、崩塌和泥石流等重大隐患等监测系统，共享降雨、洪水、地震等信息；建立地质灾害隐患动态分级预警–响应判据，明确避险准备、自主避险和强制避险等预警信号，提高信号覆盖程度。

（2）响应阶段子系统

预案准备。根据自下而上的就近响应、先期处置和应急救援的分级响应体系，分政府预案、社区预案和家庭方案，建立自上而下避险预案体系。其中，政府避险预案宜作为地质灾害专项预案的独立章节，衔接预防预警，注重分级避险责任、行动规划、行动保障与援助机制；社区预案针对隐患点，逐点明确避险范围、安置场所及具体撤离路径；家庭避险方案实则以广而告之的方式进行避险技能培养。

演练准备。避险演练是落实避险预案执行力的具体措施，也是检验和优化避险预案的方法。社区演练主要为避险实战能力；乡镇、县级政府演练则为以避险协调与保障为主的桌面推演。

援助准备。受监测网覆盖程度和降雨预报精度限制，许多短时局地降雨引发地质灾害风险激增，往往难以及时给出专业的预警信息，为此，需要自主感知与决策。为解决个体避险能力的差异，应进行自救互救技能宣传教育，并设置避险引导、制定弱势群体帮扶措施。灾害地质体失稳破坏属于小概率事件，人们的侥幸心理极易造成在避险疏散决策上的迟缓现象，需要进行特定情境下的强制性避险义务宣传。

（3）恢复准备阶段子系统

制定避险成效评估办法。针对返回原住址、原址重建和异地重建等不同的恢复重置情景，进行重建用地储备、重建政策准备和救助资金准备。

第四节　突发地质灾害的应急工程治理

紧急应对突发地质灾害险情（为便于论述，这里及下文所称地质灾害，指山体崩塌、滑坡和泥石流灾害的统称，不含地面塌陷灾害），主要有避险疏散与应急治理两种办法。前者为社会化的风险管控措施，如前所述，原理较清楚，实践也证明行之有效；后者为工程化的处置措施，适用于对重要承灾体保护的需要，虽不乏工程实践，但缺乏系统性的理论探讨。地质灾害治理工程有较高技术风险。在应急情景下，由于前期缺乏观测基础，也不具备系统勘察设计条件，工程实践中多依赖于经验，与常规治理相比，技术风险更高。应急治理问题不仅关系到工程处置成效，也关系现场应急安全。

论及应急治理工程，设计是核心技术环节。工程设计需要遵循必要的进程模式。基于系统的地质勘察结论，常规治理已有分阶段设计的规范化模式，应急治理尚无标准可依。在现行泥石流灾害防治工程设计规范和滑坡防治工程设计与施工技术规范中，仅将应急治理视为特殊防治工程类型，做出简化设计阶段、与后续正常防治相衔接等原则性规定，与应急情景的适应性不足。在水力发电、资源采掘和基础设施建设等重大工程活动中，具有抢险性质的地质工程活动并不鲜见。

一、工程范畴

国土资源主管部门应当会同同级建设、水利、交通等部门尽快查明地质灾害发生原因、影响范围等情况，提出应急治理措施，减轻和控制地质灾害灾情。作为抢险救灾工程措施，根据突发地质灾害应急预案建构模式，应急治理被赋予了工程处置功能。聚焦性体现了应急治理的应急管理与响应行动定位，区别于单纯的快速或高效的地质工程活动。综合认为，突发地质灾害应急治理是应急响应行动中，以险情事件处置为导向的特殊抢险救灾工程。

二、工程目标

事件处置是确定应急治理工程目标的基本依据。根据"先稳后治"原则，应急治理工程的总体目标，是尽快减轻或控制险情，为后续常规的防治工程实施赢得时机和可能。依据灾害危险性、破坏性能量释放过程和承灾体的重要性等应急情景，应急治理工程的具体目标可分为主动控制、软着陆和被动保护等三类（表6-3）。在实践中，可选择其中一类或多类目标为策略，并随情景变化调整。

表6-3　应急治理工程目标

目标	处置机理	适用情景	工程措施
主动控制	提高灾害地质体的稳定性，消除或减弱灾害地质作用，减小地质体变形破坏概率	灾害地质体具有可控性，补偿机制明确，且有治理的必要与实施的可能。针对重要承灾体永久保护的需要	排水防渗、削方、压脚、支挡、锚固等坡体加固；固源、水石分置、沟道清障等泥石流治理措施
软着陆	采取工程措施，分解灾害地质体，或引导破坏性能量的空间聚集、释放强度、速率与路径，进而降低其破坏性	灾害体稳定性不可控，爆发趋势不可逆转，且破坏力较强。通常，体积规模较大	在工程设计时，横向分区、纵向分层，时间上分期，选择相应的工程治理措施。工期内，需要与临时搬迁避让相结合
被动保护	通过对承灾体实施被动性的工程防护，减小空间遭遇概率，减弱遭遇带来的破坏强度	灾害体稳定性难以控制，处于持续的小规模失稳破坏状态，尤其适用小规模的高频泥石流或零星崩塌，通常承灾体无法绕避	设置临时棚洞、渡槽、落石槽、挡墙等构筑物；或设置具有弹性、具有缓冲功能的抗冲击结构

（一）主动控制

主动控制是指通过减小或消除引发因素作用、补强地质体或阻止破坏性能量的聚集，在短期内提高灾害地质体的稳定性，为后续常规防治赢得可能。该目标属于主动性工程策略，适用于地质作用补偿机制明确、重要承灾体保护，且具备足够工程能力的应急情景。

（二）软着陆

当遇到灾害地质体稳定性无法有效控制、其破坏后果不可逆转的情景，可以通过分区治理、局部清除、缓冲消能或运动路径引导等措施，分解灾害地质体，或减小其破坏性能量释放强度或者引导其相对安全地运移堆积，实现"软着陆"，达到避免出现极端危害后果的目的。该策略具有顺势而为的优点。为避免突发的破坏风险，需要跟踪观测变形破坏迹象、敏感因子与治理效果，以便及时做出策略优化调整。

（三）被动保护

当采用上述两类目标策略，缺乏合理性或者无法有效保护的重要承灾体时，可实施被动性质的应急保护性工程，减轻灾害体与承灾体的空间遭遇概率或遭遇强度。常见措施有搭设临时棚洞、临时渡槽、柔性防护网、落石槽、防护墙、石笼挡墙、柔性抗冲击垫层等。由于灾害体运动及影响范围预测尚难以精确，需要同时布设监测预警系统，以减少因危险区精确预测困难所带来的灾害风险。

三、工程设计

应急情景有较强不确定性，技术环境条件别于常规工况，标准化难度较大。

（一）设计方法

常规治理工程设计，经历可行性方案设计、初步设计和施工图设计等三阶段，有多种指导观念。假定地质勘察结论明确，针对特定的灾害地质体稳定性状态，设置与之相适宜的工程安全系数。当前期设计确定后，后期设计及施工过程不能轻易更改。在应急工况下，勘察、设计、施工和监测等规范化程式常被同时推进，工程地质条件有待逐步揭露，处置需求也是不断变化的。若采用常规的设计程式规定，一旦早期结论出现错误，在后期将难以挽救，甚至可能引发应急工程事故。

根据工况技术条件的适宜性分析，这里将应急治理工程设计程式划分为目标设计和方案设计两个阶段。目标设计阶段任务是，在应急调查评价的基础上，综合评估灾害危险性、承灾体重要性、应急防治能力和工程可行性，确定工程处置的目标，提出主体工程和整体部署建议，采取现场会商方法；方案设计，以目标设计结论为依据，进行技术方案与施工图设计，明确治理措施、工程布置和施工工艺，并跟踪采集、加工和使用施工地质和应急信息，在工程施工过程中及时调整优化。综上，称之为目标-能力为导向的螺旋式设计方法，即以处置目标为导向、依托现有能力，进行过程控制设计。

（二）设计标准

常规治理工程标准，假定了灾害地质体处于静态的稳定性水平，依据承灾体重要程度或灾害后果的严重程度，分级预设安全储备、基准期和荷载强度。作为临时性工程的应急治理是在极其困难条件下进行紧急抢险工作，较高的工程设计标准是不现实的。以设计安全系数为例，有学者认为大于等于1.10适用于一般性的应急防治工程。由于灾害地质体结构形态及外部作用快速变化，描述其物理力学状态困难，工程标准精确设计也不具备操作性。在保证应急时效性的前提下，工程标准应按照当前极限荷载状态和实际工程效果，兼顾抢险施工扰动荷载和后续防治工程的适应性，会商确定。

依据工程标准、现场工况和减灾效能，选用施工简便、安全可靠、时效性显著的治理措施与施工工艺（表6-4）。通过效果跟踪检验，动态调整合理的工程规模。由于缺乏系统设计，当某主体工程付诸实施并生效以后，其控制的灾害地质作用可能转移至新的释放路径。例如，滑坡前缘快速堆载，可能加剧中部坡体变形破坏；后缘削方减载，可能加剧地表水渗透作用。为此，主体工程措施应有配套工程措施。

表6-4　突发地质灾害应急治理措施

灾害类型	应急治理途径	应急治理措施
滑坡	坡体减载	推挤式滑坡的主滑段削方减载。同时，实施临时防渗措施
	排水系统	设置环形截水沟、铺设防雨布；填埋裂缝防渗；设排水渠、集水壕沟和管道
	压脚拦挡	坡脚部位堆加土石料阻挡（当水影响较大时，注意排水）；或者利用原木、钢管等临时支护
	坡体加固	岩石锚杆；石头或石灰水泥柱；微桩；锚固（预应力或无预应力的）；灌浆
危岩	危岩清除	用风枪凿眼、人工凿石、静态爆破等方法解体危岩，施工中应有严密监测和防御措施
	危岩支撑	坠落式、倾倒式块状结构危岩、下部地形适宜时，用钢架、树木、片石垛等临时支撑
	临时棚洞	对小规模的崩塌，临时搭设明硐、棚硐等工程，临时遮挡
	危岩拦挡	临时设置落石平台、挖落石槽，并利用废钢轨、钢钎及钢丝搭建挡石墙
	防护网	对松散碎裂结构岩体，坡面铺挂钢筋网；同时，坡脚设置防护网或屏障网
	坡体加固	填沟补缝、锚杆加喷射混凝土联合支护、预应力锚索等。谨慎采用灌浆封闭措施
泥石流	疏通沟道	清除沟道狭窄、堵塞等部位
	跨越	设置临时棚洞等遮挡工程，从上部跨越泥石流可能造成的危害区域
	排导	在沟口设置重力式挡墙及弹性防冲击结构体，引导泥石流体冲击堆淤范围

续表

灾害类型	应急治理途径	应急治理措施
地面塌陷	清除填堵	适用于埋藏较浅的塌坑或土洞。清除其中的松土，填入片石、块石、碎石形成反滤层，其上覆盖以黏土并夯实。片石碎块石土分层回填封堵
	跨越法	适用于较大的塌陷坑。采用梁板跨越，两端支承在可靠的岩、土体上。对建筑物地基、路基，可采用梁式基础、拱形结构，以或刚性大的平板基础跨越
	灌注充填	将灌注材料通过钻孔或岩溶洞口进行注浆，充填洞隙、拦截地下水流、加固上部建筑物地基
	桩基础法	适用于深度较大的塌陷。利用基岩持力层，利用柱基传递上部荷载

四、工程实现

应急治理设计付诸工程实施，常通过简化工程布置与工序、就地取材、加大工程资源投入，提高施工效率。在特别危险的情景，可利用设置瞭望哨、非接触式监测或视频监控等手段，实施远程指挥作业，尽可能减少现场施工人员。为弥补地质体隐蔽性带来的设计不足，施工地质与施工进程紧密衔接，采用跟踪编录、形变迹象观测和工程监测，研判地质结论的正确性、灾害危险性趋势和工程预期效果，通过现场会商评估，实现设计反馈与施工方案调整的一体化。当险情得到控制后，经评估认定具备常规防治工程实施的可能和时机后，提出后续防治工程建议，并明确应急工程的可延续性。

第五节　突发地质灾害的灾后恢复重建

灾后恢复重建是与常规地质灾害防治相延续的事后处置行动，一般遵循超前高标准重置的原则，包括事后检查评估、原因分析论证和生产生活重建三个主要组成部分。其中，事后检查评估包括灾情核定和绩效评定，属于地质灾害应急防治范畴；原因分析论证，以地质灾害形成原因分析论证为主，通过对事件全过程的还原与检查，为责任认定和地质灾害预防与应急工作的优化提供依据；突发地质灾害呈点状破坏，除了类似2010年甘肃舟曲"8·8"泥石流等特别重大灾害，多数情景生产生活功能的恢复是局部性的，且重建选址中的地质灾害危险性评估，已有相关技术标准规范可依据，这里不予赘述。

一、事后评估

（一）灾情评估核定

本节所述灾情评估，限于灾害发生地社区尺度的灾情测度。灾情是指危害后果，包括了灾害地质作用引起的一切社会损害事实。根据危害作用与危害结果之间的联系形式，可见灾情可分为直接灾情和间接灾情两类。

1. 直接造成灾情的评估

直接灾情是灾害体在其变形运移的过程中，承灾体直接遭遇破坏的结果。由于危害事实明确，危害结果是容易被认定和测度的。地质灾害灾情统计对直接灾情的调查统计做出了规定。其中，人员损害情况，包括本行政区域内的常住人口和非常住人口，统计指标为受灾人口、死亡人口、失踪人口和受伤人口，对人员心理健康危害测度尚不具备条件。直接经济损失应包括房屋及室内外财产损失、农业直接经济损失、教育行业直接经济损失、交通运输行业直接经济损失和其他行业直接经济损失。在具体统计时，按照下列公式逐项计算：

$$直接经济损失（元）= 资产重置费用（元）×损毁率 \qquad (6-3)$$

式中：重置费用是指基于当前价格，将被损毁的资产恢复到灾前同样规模、标准和状态所需的费用。不仅包括承灾体的有形资产物理重置，还包括无形资产损失的重置。现阶段，主要考虑前者，对后者较少顾及。

损毁率缺乏量化的标准，调查多给出的是区间值。按照超前重置的原则，计算中应就高取值。

事后总结评估中，为了衡量已有防治投入的绩效，确定合理的保险费率和防灾减灾投入意愿，往往遇到涉及将人员伤亡和经济损失如何统一标准测度的问题，核心是生命价值评估。评估生命价值最常用的两种方法是人力资本法和支付意愿法。支付意愿法已成为国外学者评估生命价值的主流方法。需要指出的是，由于地质灾害风险属于公共风险、分布不均匀，且量化困难，现阶段以生命价值为依据进行预防与应急决策，尚不具备条件。为此，本书认为从应急管理视角观察，风险后果不宜作为预防与应急决策的唯一依据，而是应根据地质灾害危险性程度，通过不同防治方案的技术、经济和社会效益比较加以确定。

2. 间接造成灾情的评估

间接灾情是由直接危害的结果所引发的。例如，崩塌落石阻断公路，导致车辆因为不能正常通行带来的损失，应该属于间接造成的灾情损失。由于难以认定"间接故意"，间接危害后果与灾害地质体之间的因果关系很难认定，间接损失往往难以调查统计。

间接人员伤亡属于心理健康危害范畴，此处不再赘述。以往间接经济损失评价，最为简便和有效的方法是基于直接经济损失的比例系数法，选定某一系数与直接经济损失相乘，得出间接经济损失：

$$间接经济损失（元）＝直接经济损失（元）×比例系数 \qquad (6\text{-}4)$$

式中：比例系数可以通过典型案例的统计分析或者根据实地情况凭经验确定。来自相关专业人士的主观经验，在地质灾害灾情统计实践中，根据危害后果的修复或重置难易程度，划分灾害种类并给出经验性的比例系数。虽然有重要的参考意义，但作为决策依据时，其科学性的客观基础尚显不足。例如，没有考虑应急资源的消耗；在地质灾害造成道路损毁的事件中，交通阻断带来的经济损失，可能远远大于损毁路段的工程重置费用等。应用比例系数法的前提需要保证直接经济损失评估的准确性。

（二）应急减灾效益

在突发地质灾害险情应急处置行动结束后，应开展应急减灾效益评估。险情应急防治包括临灾避险和应急治理两种途径，前者主要是指临灾避险人数；后者主要是避免损失财产总额。

地质灾害及其防治受到自然因素和人为因素双重影响，人为因素可控，自然因素尚难以预测，控制更加困难。衡量其绩效，不能借用一般的行政绩效评估办法。地质灾害应急减灾效益评估是一项特殊的地质灾害防治绩效评估。由于应急减灾过程属于应急管理行政绩效评估的范畴，这里不予考虑。根据险情处置的结果，应急减灾效益分挽救人员和减损收益等两个方面，前者可通过避险人员统计得到；后者，分直接减损效益和间接减损效益（这里不包括增值效益。增值效益是指附加产出，例如公共安全收益。由于应急减灾的公益性质，其增值效益主要体现为社会效益，进行经济价值测度是困难的），采用期望损失法、比例系数法或修复成本估算法，进行纯收益定量统计。减损效益是指由于防治可能减少的灾害损失（包括直接经济损失和间接经济损失）：

$$应急减灾效益（元）＝直接减损效益（元）＋间接减损效益（元） \qquad (6\text{-}5)$$

二、原因分析论证

《中华人民共和国突发事件应对法》规定：应当及时查明突发事件的发生经过和原因，总结突发事件应急处置工作的经验教训，制定改进措施。《国家突发事件总体应急预案》规定：要对特别重大突发公共事件的起因、性质、影响、责任、经验教训和恢复重建等问题进行调查评估。《地质灾害防治条例》规定：国土资源主管部门应当会同同级建设、水利、交通等部门尽快查明地质灾害发生原因、影响范围等情况，提出应急治理措施，减轻和控制地质灾害灾情。责任单位由地质灾害发生地的县级以上人民政府国土资源主管部门负责组织专家对地质灾害的成因进行分析论证后认定。对地质灾害的治理责任认定结果有异议的，可以依法申请行政复议或者提起行政诉讼。突发地质灾害原因分析论证，包括调查取证、分析论证、责任认定和应急准备检查等四个方面。

（一）基本认识

人们对不良地质现象已有长期观察实践，以致灾因子为主体的地质灾害形成原因，业已积累丰富研究成果。在抢险救灾过程中，出于应急防治决策需要，通常侧重于地质灾害形成原因的分析。事后原因分析论证包括根本原因、直接原因和间接原因。突发地质灾害事件原因，包括根本原因、直接原因和间接原因等三个方面。其中，根本原因是指灾害地质体的客观的不稳定条件，例如地形地貌、物质组成、结构形态等；直接原因是指引发地质灾害的因素，包括重力、降雨、地震等自然因素和各类人为工程活动因素；间接原因是指使承灾体遭受灾害地质体破坏的原因，包括规划缺陷、预防缺陷、标准问题、防灾意识、个体脆弱性和管理因素等。

突发地质灾害事件成因分析论证报告，必须明确成因分析论证过程和直接引发因素，主要内容包括：地质灾害与过程。阐述发生地点、事件、灾情，特征、经过等；直接原因分析。依据资料收集、现场调查、问询访谈等获得的分析论证依据，分别论证灾害形成、发展及应对过程的原因，论据充分，分析合理；针对直接原因分析结论，依据资料收集、现场调查、问询访谈等证据，论证影响灾害发生发展、并与后果直接相关的因素，包括技术、教育、培训、脆弱性和管理方面等；成因分析结论。须准确、清晰简明，责任主体明确；严禁出现可能、推测等类似的不确定性的用词；其他说明，尤其是针对灾民或公众对原因存在的疑惑，做出科学解读或回应。

（二）经验地质分析

经验地质分析是在重大地质灾害应急实践中常用的事件原因分析方法，这与应急防治专家的专业经验相吻合，同时，也是在参与抢险救灾过程中对致灾因子观察的延续。该方法是依据对灾害地质作用的调查，采集到能够证明常见自然和人为引发因素与灾害事件发生之间所存在的时间、空间和强度的相关性，找出最为相关因素，通过地质-力学-数学模拟反演，寻找可能的根本原因和直接原因。

在分析过程中，地质灾害专家知识和固定的分类标准，影响到可能原因的列举，虽然直观明了，也符合常规的观察认识，但是，对地质过程机制及承灾体响应行动不够重视，导致分析论证结果可能遇到下列问题：如何厘清某一作用的双向效应？例如，在推挤式滑体的后缘削方，发挥减载效果，同时可能加剧降雨渗透作用。如何准确描述不同灾害体间的个性差异？例如，在同等的有效降雨量作用下，缓倾灰岩坡体和中倾泥岩边坡之间的变形破坏效应有何不同？如何衡量工况环境对承灾体临灾响应行动的有效性？例如，在暴雨过程中，监测、预警与响应之间实现一体化存在诸多不利条件，甚至存在技术风险。如何衡量长期引发作用和短期触发作用之间的差异，确定"压死骆驼的最后一根稻草"是困难的。在间接因素分析方面，通常遵循因果连锁论，当关注到"个体"因素的影响时，往往忽视现代安全的系统性特征。例如，在黄土地区，居民生活用水排放不当，经常渗透引发小崩小滑，一旦造成灾害，如何认定排放是否合理，受到诸多条件的约束。

现阶段，人们对地质灾害认识仍难以准确量化描述，受到上述问题的影响，在分析论证工作中，不断面临着诸多质疑或者另有原因的猜想，甚至导致事件定性的边界不断扩大。由于逐一排除所有可能因素的影响是困难的，降低了分析论证结论的可信度。为此，需要更为有效的分析论证方法。

（三）情景故障推演

自然灾害风险是由自然事件或力量为主因导致的未来不利事件情景。在事件发生之前，系统的脆弱性是潜在的。当各种风险要素的综合作用得不到有效管控时，不利情景就会出现。故障树分析法（Fault Tree Analysis，FTA）又叫因果树分析法，是目前国际上公认的事件薄弱环节分析的有力工具。这里将故障树分析法与风险评估模型相结合，基于事件还原与情景故障推演的事件原因分析模式，增强了原因分析的系统性：第一步，将灾害事件后果作为顶上事件，分析灾害基本情景；第二步，按风险要素构成、结构及一般功能关系，由上而下逐层分析导致事件发生的可能的直接原因；第三步，用一个逻辑门的形式将这些故障和相应的原因事件连接起来，建立故障树模型；第四步，求出导致灾害后果的最小割集、最小径集和结构重要度，发现其中最可能的原因；第五步，根据各基本事件的分布及其发生概率，求得概率重要度、结构重要度、关键重要度，研判特定区域、特定工况条件下的原因。

地质灾害原因分析论证，是由国土部门组织具有相应资格的专家或具有相应资质的专业机构开展的。在实际工作中，经常遇到后期的责任认定的问题。责任认定行为属于依职权行政行为。根据相关法规，当事人对认定结论有争议的，可以向上一级国土资源行政主管部门申请重新认定，申请地质灾害责任认定应提交申请书及举证材料；复杂情形，可采取举证责任倒置方式。国土部门调查认定属人为活动引发地质灾害的，按程序移送安监部门认定该人为活动是否属于生产经营活动，生产经营活动是否违反安全生产的有关规定和程序，该人为活动引发的地质灾害是否属于生产安全事故。对国土部门认定属自然原因和人为活动共同引发的地质灾害，由国土部门组织专家调查认定人为活动是否扩大了灾害。

参考文献

[1] 陈宾，贺勇. 揭秘灾难片中的地质灾害问题 [M]. 湘潭：湘潭大学出版社，2022.

[2] 谢湘平. 地质灾害泥石流及其防治措施 [M]. 西安：陕西科学技术出版社，2022.

[3] 高德彬，郝建斌. 普通高等学校建筑安全系列规划教材：工程地质学及地质灾害防治 [M]. 北京：冶金工业出版社，2022.

[4] 胡爱萍. 陇东黄土塬区地质灾害特征与减灾对策研究 [M]. 徐州：中国矿业大学出版社，2022.

[5] 杜远生. 中国地质大学武汉双一流学科专业教材：沉积地质学基础 [M]. 武汉：中国地质大学出版社，2022.

[6] 侯慎建. 新时期煤炭地质勘查产业链布局与发展研究 [M]. 北京：中国经济出版社，2022.

[7] 支瑞荣，刘德卫. 额尔古纳河流域基础地质与生态地质环境遥感调查 [M]. 武汉：中国地质大学出版社，2022.

[8] 薛云峰，杨继华. 深埋长隧洞勘察与 TBM 掘进关键工程地质问题研究 [M]. 郑州：黄河水利出版社，2022.

[9] 代德富，胡赵兴，刘伶. 地质灾害防灾减灾体系理论与建设 [M]. 北京：北京工业大学出版社，2021.

[10] 张明媚. 多特征分水岭影像分割斜坡地质灾害提取 [M]. 徐州：中国矿业大学出版社，2021.

[11] 姜卉. 突发事件全过程应对——龙川县 2019 特大暴雨地质灾害事件应急处置的启示 [M]. 北京：机械工业出版社，2021.

[12] 朱利辉，张新民. 陇东黄土地区地质灾害发育规律及防治研究——以西峰区为例 [M]. 南京：河海大学出版社，2021.

[13] 叶唐进，李俊杰，王鹰．第三极科技文库：西藏道路交通典型高原地质灾害科考图集 [M]．成都：西南交通大学出版社，2021.

[14] 谢强，郭永春，李娅．土木工程地质：第4版 [M]．成都：西南交通大学出版社，2021.

[15] 张金凤，臧志鹏，陈同庆．普通高等教育十四五规划教材：海岸与海洋灾害 [M]．上海：上海科学技术出版社，2021.

[16] 代志宏．城市建设的附加应力与地质极限问题研究 [M]．成都：四川科学技术出版社，2021.

[17] 郭斌，高丽萍，马飞敏．矿产地质勘探与地理环境勘测 [M]．北京：中国商业出版社，2021.

[18] 洪增林．多要素城市地质调查系统研究——以咸阳市为例 [M]．武汉：中国地质大学出版社，2021.

[19] 王宇，唐春安．普通高等教育十四五规划教材工程水文地质学基础 [M]．北京：冶金工业出版社，2021.

[20] 孙晓丹，黄艺丹．交通基础设施防灾减灾导论 [M]．成都：西南交通大学出版社，2021.

[21] 范文．秦巴山区地质灾害与防治科普手册 [M]．济南：山东大学出版社，2020.

[22] 张广兴，张乾青．工程地质 [M]．重庆：重庆大学出版社，2020.

[23] 李伟新，巫素芳，魏国灵．矿产地质与生态环境 [M]．武汉：华中科技大学出版社，2020.

[24] 殷杰，陈亮．工程地质与土力学 [M]．镇江：江苏大学出版社，2020.

[25] 阳艳红，王玉彬．山洪地质灾害防治气象保障工程项目群管理方法研究 [M]．北京：机械工业出版社，2020.

[26] 韩行瑞．岩溶工程地质学 [M]．武汉：中国地质大学出版社，2020.

[27] 黎金玲．滑坡灾害灾前人员疏散建模与仿真研究 [M]．武汉：中国地质大学出版社，2020.

[28] 何树红．西南地区泥石流灾害损失测度及救灾管理 [M]．昆明：云南科技出版社，2020.

[29] 徐智彬，刘鸿燕．地质灾害防治工程勘察 [M]．重庆：重庆大学出版社，2019.

[30] 路学忠. 宁东煤田采煤沉陷地质灾害规律研究 [M]. 银川：宁夏人民出版社，2019.

[31] 肖瀚，唐寅，李海明. 沿海地区常见水文地质灾害及其数值模拟研究 [M]. 郑州：黄河水利出版社，2019.

[32] 李淑一，魏琦，谢思明. 工程地质 [M]. 北京：航空工业出版社，2019.

[33] 吴雪琴，唐小明，骆满生，等. 江山地质 [M]. 武汉：中国地质大学出版社，2019.